百吃不厌 江南菜

[illegible]阳 编著

團结出版社

图书在版编目（CIP）数据

百吃不厌江南菜 / 孔阳编著 . -- 北京 : 团结出版社 , 2014.10（2021.1 重印）

ISBN 978-7-5126-2264-7

Ⅰ . ①百… Ⅱ . ①孔… Ⅲ . ①菜谱－华东地区 Ⅳ . ① TS972.182.5

中国版本图书馆 CIP 数据核字 (2013) 第 302578 号

出　　版：团结出版社
（北京市东城区东皇城根南街 84 号　邮编：100006）
电　　话：（010）65228880　65244790（出版社）
（010）65238766　85113874 65133603（发行部）
（010）65133603（邮购）
网　　址：http://www.tjpress.com
E-mail：65244790@163.com（出版社）
fx65133603@163.com（发行部邮购）
经　　销：全国新华书店
排　　版：腾飞文化
图片提供：邴吉和　黄　勇
印　　刷：三河市天润建兴印务有限公司

开　　本：700×1000 毫米　1/16
印　　张：11
印　　数：5000
字　　数：90 千字
版　　次：2014 年 10 月第 1 版
印　　次：2021 年 1 月第 4 次印刷

书　　号：978-7-5126-2264-7
定　　价：45.00 元

前言

民以食为天，我国的饮食文化源远流长，至今已千年。《论语》中“食不厌精，脍不厌细”是人们历来所推崇的饮食理念。

我国地域辽阔，民族众多，由于各地的气候差异、物产和风俗不同，形成了不同的饮食风味，如北方寒冷，以浓厚、鲜味为主；华东地区气候温和，以甜味和咸味为主；西南地区多雨潮湿，以麻辣为主。烹饪方法也因地而异，山东菜擅长爆、炒、烤、熘等；江苏菜擅长蒸、炖、焖、煨等；四川菜擅长烤、煸、炒等；广东菜擅长烤、焗、炒、炸、蒸等。

随着四季的交替，饮食调配也有所不同，夏季凉菜、拼盘，冬季炖、焖、煨、炒。人们不仅追求色香味俱全，还讲究医食同源，利用原材料的药用价值，享受美味佳肴的同时达到预防和治疗某些疾病的效果。

现在，旅游和户外运动日趋流行，吸引我们的不仅是当地的风俗人情和秀丽风光，也包括那些令人垂涎三尺的特色美食。了解并学会制作这些美味，无疑可以帮助我们更好地了解一方水土。

说美食，就不能不提菜谱。“巧妇难为无米之炊”，有了合适的菜谱，即使是简单的素材，也可以做出不同的美味菜式，如在南北朝时期，梁武帝的御厨用一个瓜可以做出十种样式，一道菜可以变出几十种味道，高超的烹饪技术，令人叹为观止！

百吃不厌江南菜

前言

本书精选两百多道江南美食，分为十二章，每道菜都是各地的特色美味，如四川菜的东坡肘子，广东菜的白切鸡，湖北菜的千张肉，浙江菜的龙井虾仁，安徽菜的无为熏鸭等。无论是家常小菜还是宴客大餐，每一道菜谱都贴有制作时间、菜品特点、主料、配料、操作步骤、操作要领、营养贴士等内容，以方便读者得心应手地制作出营养美味的名菜佳肴。

徽菜

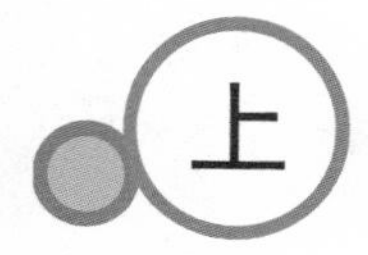

海菜

苏菜

湖南菜

目录

Contents

湖北菜

目录

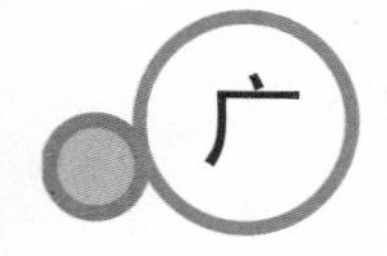

广东菜

Contents

浙江菜

江西菜

福建菜

四 川菜

目录

Contents

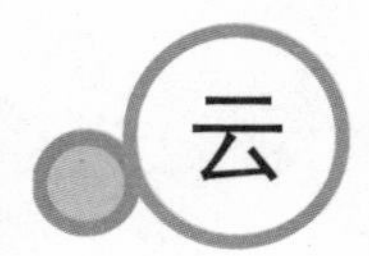

云南菜

贵州菜

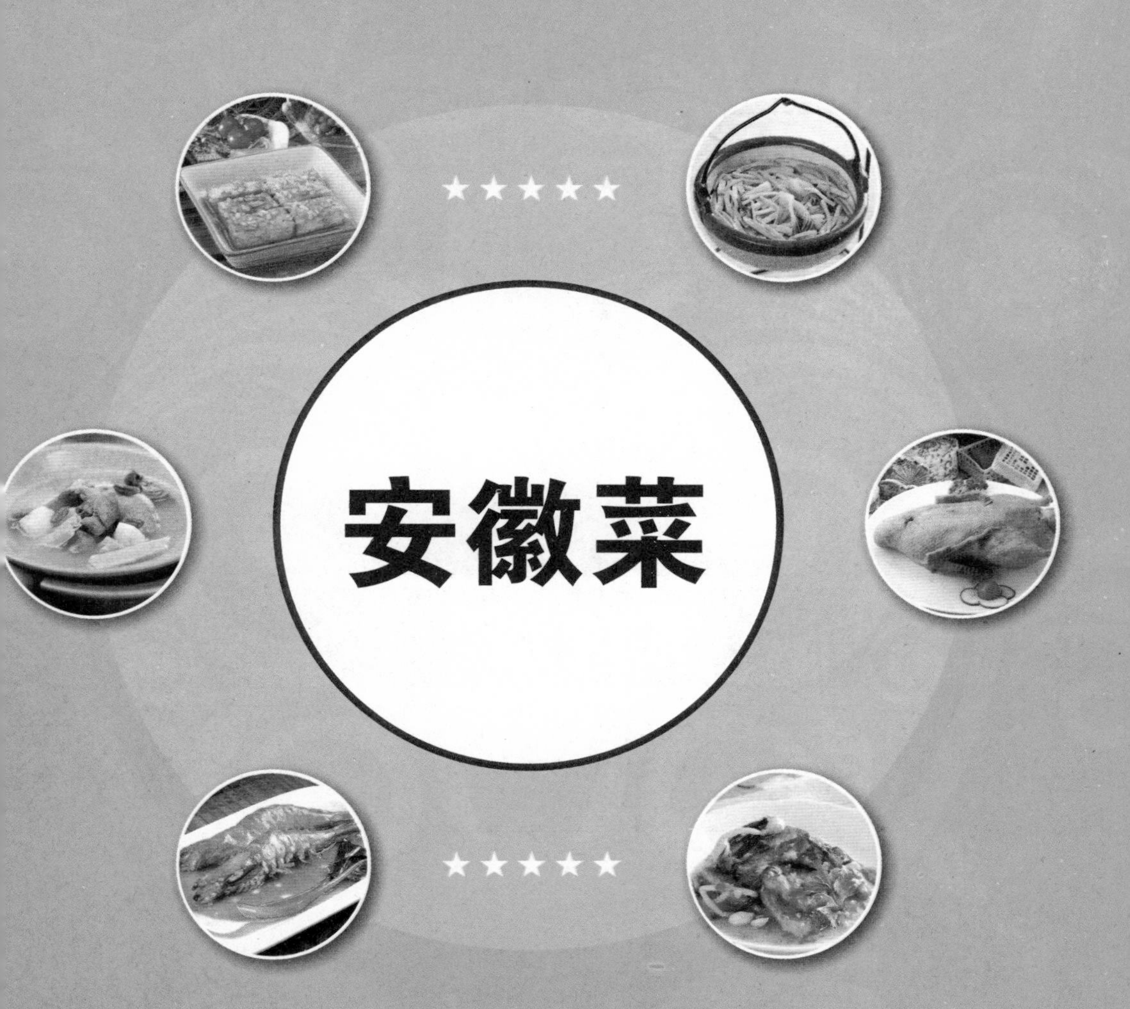

安徽菜

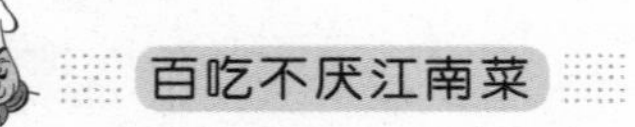

灌汤墨鱼球

主料： 墨鱼250克，五花肉丁100克

配料： 皮冻150克，面粉35克，酵母粉0.5克，姜末6克，精盐5克，鸡粉3克，味精、香油、葱姜水、植物油各适量

视觉享受：★★★★
味觉享受：★★★★
操作难度：★★

操作步骤

①墨鱼洗净去杂物，选墨鱼身子部分剪开成大片，撕去外面的薄膜，展开，用剪刀固定住一端，用手捏住另一端，将刀倾斜45° 刮下鱼肉成鱼蓉，加姜末、精盐3克、鸡粉、葱姜水调味；五花肉丁剁成肉末，加皮冻、精盐2克、味精、香油搅匀成灌汤馅；用500克清水与35克面粉、0.5克酵母粉调匀成脆煎糊待用。

②鱼蓉包入灌汤馅，做成鱼圆，凉水下锅烧开，转文火烧3分钟左右，浮起养熟成鱼球。

③煎锅烧热，刷一层植物油，放入鱼球，倒入脆煎糊，用中火煎约5分钟，待成形、水燁干后扣入盘中即可。

操作要领

煎制时手法要轻，否则容易破皮。

营养贴士

墨鱼具有补益精气、健脾利水、养血滋阴、制酸、温经通络、通调月经、收敛止血、美肤乌发等功效。

视觉享受：★★★★ 味觉享受：★★★★ 操作难度：★★

茶叶熏鸡

TIME 90 分钟

主料： 嫩鸡 750 克

配料： 葱 20 克，饭锅巴 100 克，圣女果 1 个，荷兰芹叶 1 枝，姜片、瓜片茶叶、精盐、红糖、酱油、绍酒、芝麻酱、花椒各适量

操作步骤

①将 10 克葱和花椒、精盐一起制成细末，调成葱椒盐；鸡清洗干净，用葱椒盐腌 20 分钟；剩余葱切段备用。

②把鸡身扒开，皮向上放在碗里，撒上葱段、姜片，加酱油、绍酒，上笼蒸至八成熟，取出，拣掉葱、姜；把饭锅巴掰碎放入炒锅，撒上瓜片茶叶、红糖，架上篦子，把鸡放在篦子上，盖严锅盖。

③先用中火熏出茶叶香味，随后大火熏，待烟尽，掀锅取鸡，刷芝麻酱，剁下鸡的四肢和头，将鸡身切成 5 厘米长、3 厘米宽的块，装盘，用圣女果、荷兰芹叶装饰即可。

操作要领

火候要掌握好，时间短，茶香不入；时间长，易出煳味。

营养贴士

鸡肉有活血脉、强筋骨等功效。

主料： 净菜鸽 1 只（约重 250 克），黄山山药 100 克

配料： 鸡汤 750 克，香菜 1 根，葱结、姜块、精盐、冰糖、料酒、熟鸡油各适量

操作步骤

①山药去皮，洗净，切成薄片，放开水锅中烫一下捞出。

②把鸽子从腹部靠近肛门附近处开一小口，留肫、肝，掏出其他内脏不要，洗净；放开水锅中烫一下，取出再次清洗，放入汤碗中；加山药片、葱结、姜块（拍松）、精盐、冰糖、料酒和鸡汤，盖上大盘，上笼蒸 2 小时取出；拣去山药片、葱结，淋上熟鸡油，用香菜点缀即可。

操作要领

汤碗要用皮纸封严，能保持原汁原味，缩短蒸制时间，且让鸽肉口感更美。

营养贴士

此菜有补脑健肾、增强记忆力的功效。

视觉享受：★★★ 味觉享受：★★★★ 操作难度：★★

黄山炖鸽

TIME 2.5 小时

吊锅腊八丝

主料： 腊八豆腐适量

配料： 青菜心、火腿丝、高汤、精盐、味精、花生油、白糖各适量

操作步骤

①将腊八豆腐切成细丝。

②砂锅中放入高汤、豆腐丝煨煮，下精盐、味精、花生油、白糖调味后加入青菜心、火腿丝稍煮片刻即可。

操作要领

切腊八豆腐丝的时候刀工非常重要，要丝细不断，均匀统一。

营养贴士

此菜具有补脾益胃、清热润燥、利小便、解热毒、生津益血、滋肾填精等功效。

视觉享受：★★★★ 味觉享受：★★★★ 操作难度：★★

瓤豆腐

TIME 60分钟

菜品特点：外脆里嫩 酸甜适口

主料： 嫩豆腐500克，精腿肉100克

配料： 鸡蛋3个，绍酒40克，糖50克，鲜汤150克，姜末、味精、精盐、醋、豆油、麻油、湿淀粉、绿豆粉、洋葱各适量，虾仁若干

操作步骤

①把精腿肉切末，加精盐、味精、姜末、虾仁，拌匀成馅料；把嫩豆腐切成6个小块，放入开水中焯一下，在每块豆腐上切开一个小洞，塞进肉馅成坯；洋葱切碎。

②把鸡蛋打入碗中打成泡沫状，加绿豆粉拌成糊。

③炒锅置旺火上，加豆油，待油至四五成热时，将豆腐坯滚糊下锅炸至外壳金黄色，捞出装盘，撒上洋葱碎。

④炒锅留少许油，加糖、醋、绍酒、鲜汤烧开，用湿淀粉勾薄芡，淋少许麻油调制成汁，浇在豆腐上即成。

操作要领

搅馅时用力要均匀，顺一个方向搅动。

营养贴士

豆腐有清热润燥、生津止渴、清洁肠胃的功效。

视觉享受：★★★★ 味觉享受：★★★★ 操作难度：★★

无为熏鸭

TIME 60分钟

菜品特点：皮脂厚润 肉质鲜嫩

主料： 鸭1只（重约1500克）

配料： 圣女果1颗，黄瓜4片，八角、酱油、醋、白糖、葱结、姜块、香料、精盐、硝水、芝麻油各适量，荷兰芹叶少许

操作步骤

①在鸭子右翅下划开一道7厘米长的直刀口，清理内脏，洗净，入缸浸泡90分钟，捞出；刀口处放入精盐、硝水，用精盐擦透鸭身，放缸中腌4小时，中间翻动一次。

②将鸭子在沸水中烫至皮缩紧，取出挂在风口处，擦去皮衣；熏锅架放4根细铁棍，把鸭背朝下放置，熏5分钟后翻身再熏5分钟。

③锅中注水，入八角、酱油、醋、白糖、葱结、姜块、香料，烧开后放入鸭子焖煮45分钟，捞出装盘，淋上芝麻油，用圣女果、黄瓜片、荷兰芹叶装饰即可。

操作要领

烹调的时候加入少量精盐，肉汤会更鲜美。

营养贴士

鸭肉中含有B族维生素和维生素E，能抵抗脚气病、神经炎和多种炎症。

老鸭汤

TIME 2.5小时

主料： 老鸭 1800 克

配料： 酸萝卜 900 克，老姜 1 块，枸杞若干，腐竹适量，盐少许

操作步骤

①将老鸭取出内脏后洗净，切块；酸萝卜用水冲洗后切块；腐竹切段；老姜拍烂备用。

②将鸭块倒入干锅中翻炒，待水汽收住盛出（不用另外加油）。

③另取一锅放水烧开，倒入炒好的鸭块、酸萝卜、腐竹，加入备好的老姜、枸杞，用中小火熬制 2 小时左右，加盐调味即可。

操作要领

鸭块不宜太大，以入口方便为宜。

营养贴士

鸭肉有补虚劳、补血行水、养胃生津、止咳自惊、清热健脾等功效。

视觉享受：★★★★ 味觉享受：★★★★ 操作难度：★★

干烧大虾

TIME 40分钟

菜品特点
色泽美观
虾肉鲜嫩

主料： 明虾2尾

配料： 青菜1棵，蒜瓣、姜、淀粉、酒酿、米酒、糖、醋、香油、高汤、葱花、食用油、辣豆瓣酱、番茄酱、精盐各适量

操作步骤

①明虾去须，保留虾身及头部，背部划一刀，挑出虾线，洗净，均匀撒上淀粉；青菜洗净焯熟；姜、蒜瓣切末。

②锅中倒入食用油烧热，放入明虾炸至红色，捞出；锅中留底油，放入蒜末、姜末爆香，加入辣豆瓣酱、番茄酱炒匀。

③锅中放少许水，加入酒酿、米酒、糖、醋、香油、精盐、高汤，煮滚后放入明虾煮熟，加入葱花拌匀，最后用湿淀粉（淀粉加水）勾芡，盛盘，用青菜叶点缀即可。

操作要领

炸虾时，要逐个下锅，否则会粘连。

营养贴士

明虾有补肾壮阳、滋阴健胃的功效。

主料： 光肥鸭1只，猪肉馄饨25个

配料： 葱、姜、精盐各适量，白糖少许

操作步骤

①把光肥鸭从背脊剖开，去内脏，洗干净，剁下两块鸭腿、两块胸脯，放入开水中浸烫，待鸭皮收缩，浮起血污，捞出洗净备用。

②把鸭肉放在砂锅里，加水、适量姜（拍松）、葱（打结）、白糖，用大火煮滚，加精盐，改用小火炖，等到酥烂时下馄饨，盖上盖，煮熟后连锅上桌即可。

操作要领

制作时，鸭子要用沸水浸烫，加入砂锅的调料要和鸭身保持水平，小火炖到鸭酥烂时，再加入馄饨。

营养贴士

鸭肉营养价值高，有补血行水、养胃生津等功效。

视觉享受：★★★★ 味觉享受：★★★★ 操作难度：★

馄饨鸭子

TIME 20分钟

菜品特点
肉烂含香
馄饨味鲜

油炸臭干

TIME 15分钟

菜品特点

色呈褐黄 鲜辣可口

主料： 白豆腐干 1500 克

配料： 芝麻仁 100 克，醋 50 克，荠菜 5000 克，辣椒酱 100 克，精盐 100 克，菜籽油 1500 克（约耗 150 克），豆芽、海带各适量

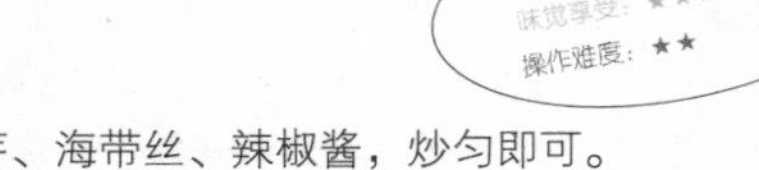

操作步骤

①将荠菜择洗干净，芝麻仁炒熟碾碎，一起放入缸内，加冷水 2500 克浸泡约 7 天，即成臭卤水。

②取臭卤水 500 克，放入大盆内，兑入冷水 2000 克，加精盐搅匀，放入白豆腐干浸泡 2 小时（冬季 4 小时）取出，沥干水分；豆芽去根洗净，海带泡发洗净，切丝，均入开水中焯熟，捞出备用。

③锅置旺火上，加入菜籽油，烧至八成热，放入豆腐干炸 2 分钟左右，待两面鼓起至出现小泡，放入豆芽、海带丝、辣椒酱，炒匀即可。

操作要领

炸豆腐时，火不宜太旺。

营养贴士

豆腐干营养丰富，不仅含有大量蛋白质、脂肪、碳水化合物，还含有钙、磷、铁等多种人体所需的矿物质。

上海菜

八宝酱肉丁

TIME 45分钟

菜品特点：营养均衡 健康美味

主料： 猪肉丁 200 克，土豆丁、西芹丁各 50 克，豆腐丁 40 克，红椒丁、香菇丁各 60 克，去皮蚕豆、花生仁各 90 克

配料： 小葱葱白、生姜各 10 克，干红辣椒 1 个，香叶 1 片，豆豉 10 克，味增酱 30 克，白糖 10 克，植物油 15 克，生抽适量

视觉享受：★★★★
味觉享受：★★★★
操作难度：★★★

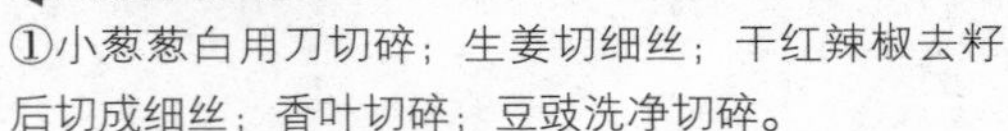

操作步骤

①小葱葱白用刀切碎；生姜切细丝；干红辣椒去籽后切成细丝；香叶切碎；豆豉洗净切碎。

②深锅中加 1500 克冷水煮沸，放入猪肉丁，用筷子搅动，待肉丁变成浅色后快速盛出。

③平底锅稍热后倒入植物油，放入豆豉、小葱葱白、姜丝和辣椒丝，不断翻炒出香，倒入肉丁，稍稍翻炒后倒入白糖，继续翻炒直至肉丁基本炒熟，盛出。

④锅中留底油，倒入土豆丁和豆腐丁，翻炒 2 分钟，加少量清水，盖上锅盖，直至土豆丁软化，打开锅盖，收干残留的水分，倒入红椒丁翻炒 3 分钟，加入味增酱炒匀，倒入香菇丁、西芹丁、去皮蚕豆和花生仁翻炒，直至所有的食材烹调到位，倒入炒好的肉丁翻炒均匀，加一些生抽调味即可。

操作要领

猪肉丁焯水，可以让肉丁的烹调更容易，还有一定的去腥效果。

营养贴士

此菜具有补虚强身、滋阴润燥、丰肌泽肤、和中养胃、宽肠通便等功效。

视觉享受：★★★ 味觉享受：★★★★ 操作难度：★★★

狗肉火锅

TIME 2.5小时

菜品特点 狗肉软嫩 咸鲜微辣

主料：狗肉1500克

配料：八角、桂皮各15克，当归50克，黄酒100克，白酒25克，酱油75克，味精2克，精盐5克，辣酱25克，白糖15克，猪油（炼制）100克，青蒜20克，干红椒、葱结、姜片各10克

操作步骤

①将狗肉刮洗干净，切成约4厘米见方的小块，与冷水同时下锅烧沸，去除血污，用清水洗净，沥干水分，用黄酒、精盐、味精拌匀略腌；青蒜切成约3.5厘米长的段；桂皮、八角用清水洗净；干红椒切段。

②炒锅上火，放入猪油，烧至八成热，下狗肉煸炒约5分钟，烹入黄酒，加辣酱、白糖、酱油、精盐继续煸炒；收干水分，放入葱结、姜片、干红椒段、桂皮、八角、当归和清水1000克，加盖烧沸；转小火煨2小时左右至肉酥，捞出桂皮、八角、葱结、姜片、干红椒段，然后将其倒入火锅内，放入青蒜段、干红椒段，继续煮10分钟左右即可食用。

操作要领

狗肉入味后再进行煮制。

营养贴士

狗肉有温肾助阳、壮力气、补血脉的功效。

视觉享受：★★★★ 味觉享受：★★★★★ 操作难度：★★

香槟水滑鸡片

TIME 20分钟

菜品特点 爽滑鲜嫩 咸香味美

主料：鸡胸肉适量

配料：油菜心、西红柿、香槟、精盐、鸡精、水淀粉、葱末、姜末、油、蛋清各适量

操作步骤

①将鸡胸肉切片，用蛋清、鸡精、香槟、水淀粉上浆，入水滑熟，捞出沥水；油菜心过水焯熟后垫在盘子底部，西红柿用开水烫过切片；将精盐、鸡精、香槟、水淀粉、葱末、姜末、适量清水放入碗中，调成汁备用。

②坐锅点火放入油，烧至四成热时，倒入调好的汁，放入鸡肉片、西红柿，大火快速翻炒盛出放在油菜心上即可。

操作要领

鸡肉上浆后，会使鸡肉变得更加滑嫩。

营养贴士

鸡胸肉中富含咪唑二肽，具有改善记忆功能的功效。

红烧肚裆

主料： 青鱼肚裆300克

配料： 植物油100克（实耗35克），老抽、花雕各15克，绵白糖20克，精盐2克，葱花、姜片各5克，水淀粉5克，镇江香醋、鸡精、香菜末各适量

操作步骤

①从鱼肚裆中间横向将鱼片开，去掉鱼骨，将鱼变成两个大鱼肉片，取其中一片，从鱼的脊背处下刀，向鱼腹方向划刀，刀一直开到鱼肚子处，注意千万不要切断，将切好的鱼肉反向折叠好，一个压一个排好，形成孔雀开屏的形状。

②锅中放入植物油，烧至八成热，放入鱼肉，鱼皮向下，不断地用锅中的热油淋炸上面的鱼肉，直至表面金黄；倒出锅中多余的热油，放入姜片和葱花，倒入花雕，待锅中水汽烹出后，倒入老抽、200克温水；加绵白糖、精盐转中火慢炖，在炖煮过程中，将下面的调汁不断淋到鱼肉上。

③待汁差不多收干、锅内冒大泡时，倒入水淀粉，烹镇江香醋，淋明油，出锅前将鱼肉翻过来，让鱼肉充分吸收汁水后装盘，撒上葱花、香菜末即可。

操作要领

注意在煎炸鱼肉的过程中不要将鱼肉翻面。

营养贴士

青鱼肉性平、味甘，无毒，有益气化湿、和中、截疟、养肝明目、养胃的功效。

视觉享受：★★★★ 味觉享受：★★★★ 操作难度：★

枸杞烧冬笋

TIME 20分钟

菜品特点 食材简单 清香味鲜

主料： 枸杞子50克，冬笋500克

配料： 精盐5克，姜末1克，味精1克，白糖25克，料酒25克，花生油75克

操作步骤

①枸杞子用清水洗净，沥干水分；冬笋焯熟洗净，切块。

②炒锅烧热，加花生油烧至八成热，放精盐，再投入枸杞子、冬笋一起煸炒，加入味精、料酒、姜末、白糖和少量清水，至卤汁翻滚，起锅装盘即可。

操作要领

枸杞子一般不宜和过多茶性温热的补品共同食用。

营养贴士

冬笋具有吸附脂肪、促进食物发酵、消化和排泄的功效。

视觉享受：★★★★ 味觉享受：★★★★ 操作难度：★★

脆皮香蕉

TIME 20分钟

菜品特点 色泽鲜艳 美味可口

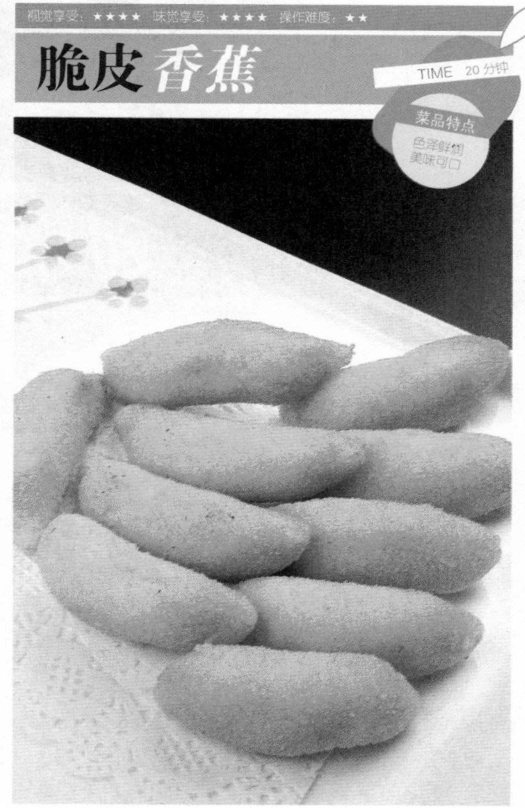

主料： 香蕉400克，鸡蛋2个

配料： 面粉15克，面包糠、油各适量

操作步骤

①把鸡蛋打入盘中，加15克面粉，搅拌成面糊，把去皮的香蕉放入鸡蛋面糊中，逐个裹满面糊。

②用筷子把裹满面糊的香蕉放在面包糠上，让面包糠均匀地裹满香蕉。

③用筷子夹起香蕉，抖掉多余的面包糠，放入油锅中，小火慢炸，等到香蕉成金黄色出锅即可。

操作要领

在煎炸时一定要用小火，避免面包糠掉入油中焦煳，也方便剩下的油再次利用。

营养贴士

此菜具有美容养颜、安神健脑的功效。

扇形划水

主料： 青鱼 400 克

配料： 清汤 550 克，黄酒 15 克，酱油 30 克，白糖 20 克，味精 2 克，葱结、姜末、葱花各 2 克，猪油（炼制）75 克，香油 5 克，湿淀粉（豌豆）适量

视觉享受：★★★★★
味觉享受：★★★★★
操作难度：★★★

操作步骤

①将青鱼尾肉顺长切成五片，用四片做原料（另一片可作它用），平摊在盆中。

②炒锅置火上，滑锅后下 60 克猪油，烧至七成热，放入葱结煸香；摊入划水稍煎，端起锅翻身，放白糖、味精、清汤 300 克，烹黄酒，加盖略焖；加姜末、酱油、白糖、味精、清汤 250 克，旺火烧开后转小火烧 6 分钟左右，鱼肉成熟时转旺火；汤汁浓稠时用湿淀粉勾芡，端锅晃动，并将锅内划水悬空翻一个身，使之沾匀浓卤，然后浇 15 克的熟猪油，淋香油，撒上葱花，原样出锅装盘即可。

操作要领

取重 3500 克以上的青鱼鱼尾肉一段约 400 克。

营养贴士

青鱼肉味甘、性平，无毒，有益气化湿、和中、截疟、养肝明目、养胃的功效。

江苏菜

水晶肴蹄

TIME 3小时

主料： 猪蹄适量
配料： 粗精盐、葱结、姜片、绍酒、硝水、葱丝、姜末各适量

视觉享受：★★★★
味觉享受：★★★★
操作难度：★★

操作步骤

①猪蹄刮洗干净，用刀平剖开，剔去骨，皮朝下平放在案板上，用竹签在瘦肉上戳几个小孔，均匀地洒上硝水，再用粗精盐揉匀擦透；猪蹄入缸腌渍20分钟后取出，放入冷水内浸泡1小时，取出并刮除皮上污物，用温水漂净。

②猪蹄皮朝上入锅，加葱结、姜片、绍酒、水，焖1.5小时，至肉酥取出；皮朝下放入平盆中，盖上空盆压平，将锅内汤卤烧沸，去浮油，倒入平盆中，稍加一些鲜肉皮冻凝结，即成水晶肴蹄；切片摆入盘中，放上葱丝、姜末即可。

操作要领

硝水少用为佳，以免影响食用者的身体健康。

营养贴士

猪蹄是老人、妇女和手术、失血者的食疗佳品。

视觉享受：★★★★ 味觉享受：★★★★ 操作难度：★★

海鲜锅仔

主料： 鳕鱼120克，扇贝100克，基围虾90克，文蛤200克

配料： 山药、青笋各150克，香葱1棵，朝天椒、蒜瓣各2个，青柠檬、洋葱各1个，白醋10克，高汤200克，白胡椒粉3克，精盐5克，白砂糖15克，泰国甜酸辣酱50克

操作步骤

①香葱、朝天椒及蒜均切碎；青柠檬切4片圆片，其余部分榨汁；青笋、山药去皮切块；洋葱切丝；扇贝和文蛤提前用醋水浸泡，吐完沙后洗净。

②煮锅加水，大火烧开，放入鳕鱼汆烫5分钟，取出沥干水分码入锅仔中，用相同的方法依次汆烫好基围虾、文蛤、扇贝，码入锅仔中。

③继续码入青笋、山药，撒上香葱碎、朝天椒碎、蒜碎，以及柠檬片和洋葱丝。

④将所有调料调入高汤中，加入青柠檬汁调匀，倒入锅仔中烧开即可。

操作要领

如果没有甜酸辣酱，也可以增加白醋和白砂糖的用量来调节普通辣椒酱的口味。

营养贴士

鳕鱼肉中含有丰富的镁元素，对心血管系统有很好的保护作用，有利于预防高血压、心肌梗死等心血管疾病。

主料： 牛尾、猪尾各150克

配料： 咖喱粉100克，菠萝1个，胡萝卜100克，精盐、糖、蚝油、葱各少许

操作步骤

①牛尾、猪尾洗净剁件；菠萝、胡萝卜去皮切碎丁；葱切段。

②将双尾与菠萝、胡萝卜一起放进锅中，放清水、咖喱粉、精盐、糖、蚝油、葱段，一起煲熟即可。

操作要领

吃时可以拌入一些樱桃，味道会更好。

营养贴士

猪尾含有较多胶原蛋白，是皮肤组织不可或缺的营养成分，可以改善痘疮所遗留下的疤痕；牛尾含有蛋白质、脂肪、维生素等成分，有补气养血、强筋骨等功效。

视觉享受：★★★★ 味觉享受：★★★★ 操作难度：★

烧双尾

樱桃肉

TIME 25分钟

主料： 猪里脊肉200克

配料： 干淀粉50克，番茄酱100克，醋15克，白糖30克，精盐5克，植物油适量，料酒少许

视觉享受：★★★★★
味觉享受：★★★★★
操作难度：★★

操作步骤

①里脊肉切成1.5厘米见方的块，加少许料酒和精盐拌匀，静置5分钟；干淀粉用少许水搅成浓稠的淀粉糊，倒入肉丁中用手轻轻抓匀；醋、白糖、精盐、30克水和一点点水淀粉拌匀成味汁。

②锅中放植物油，烧至五成热，将拌好淀粉糊的肉丁逐一放入油锅中，炸至刚变色捞出，油再次烧热，倒入肉丁复炸至金黄色捞出。

③锅中留少许底油，放入番茄酱，小火炒香出红油后倒入拌好的味汁，转中火至浓稠，点入少许熟油，倒入炸好的肉丁，炒至每块肉丁都沾满浓汁即可。

操作要领

肉丁挂的淀粉糊太薄裹不住汁，太厚会影响口感。

营养贴士

此菜具有补肾养血、滋阴润燥、润肺生津、补中缓急等功效。

视觉享受：★★★★ 味觉享受：★★★★ 操作难度：★★★

酥鲫鱼

TIME 2.5小时

菜品特点
鱼骨酥透
鱼肉耐嚼

主料： 鲫鱼1条

配料： 冰糖10克，酱油、料酒各5克，陈醋10克，白糖5克，葱段10克，姜3片，干辣椒3个，八角2颗，香叶2片，花椒10粒，植物油、精盐各适量

操作步骤

①鲫鱼去鳞和内脏以及腹内黑膜，洗净，控水待用；姜切丝；干辣椒切丝；葱、姜、干辣椒、花椒、八角、香叶分成两份，其中一份铺在焖锅锅底。

②煎锅烧热，放入植物油铺满锅底，将鲫鱼放入煎至两面金黄，将煎好的鱼摆在有葱、姜等调料的焖锅里，另一部分调料放在鱼上面。

③将冰糖熬成糖色，加足量热水，放酱油、白糖、陈醋、料酒烧开，倒入摆好鱼的焖锅中（汤一定要没过鱼），中火烧开后转小火焖2小时，中间加一次精盐，最后用大火收浓汤汁，撒上姜丝、干辣椒丝即可。

操作要领

将鱼两面裹少许干淀粉再下锅煎，不会粘锅。

营养贴士

此菜具有和胃、健脾、活血通络、护齿等功效。

主料： 银鱼500克

配料： 鸡蛋清15克，鸡蛋黄50克，面包屑150克，小麦面粉25克，大豆油600克（实用70克），味精2克，白糖5克，大曲酒10克，白胡椒粉1克，干淀粉（蚕豆）10克

操作步骤

①将银鱼摘去头，抽去肠，用清水漂清，沥水后放入碗内，加大曲酒、味精、白胡椒粉、白糖拌均匀，再放入鸡蛋清、鸡蛋黄、干淀粉、面粉拌匀。

②锅置旺火上烧热，放入大豆油，烧至七成热，将银鱼裹上面包屑放入锅中，用漏勺抖散，炸至金黄色即成。

操作要领

因有过油炸制过程，所以需准备大豆油600克。

营养贴士

银鱼味甘、性平，有补虚、健胃、益肺、利水等功效。

视觉享受：★★★★ 味觉享受：★★★★ 操作难度：★

香脆银鱼

TIME 25分钟

菜品特点
色泽金黄
外脆里嫩

梁溪脆鳝

TIME 30分钟

菜品特点

甜中带咸 酥松可口

主料： 鳝鱼750克

配料： 料酒20克，糖20克，醋、酱油各10克，麻油5克，精盐2克，葱末、姜末各10克，植物油适量，生粉、姜丝、白芝麻各少许

视觉享受：★★★★
味觉享受：★★★★★
操作难度：★★

操作步骤

①鳝鱼放入开水锅中，加入精盐和醋，煮3分钟左右，煮至鱼嘴张开，身体卷起，捞出冲凉。

②用牙签划出鳝丝，剔除鳝鱼的三角骨和内脏，洗净沥水，拍生粉，入油锅中高温炸至酥脆。

③锅中放少许油，加入葱末、姜末煸香，加入料酒、糖、醋、酱油、麻油调好的酱汁，倒入炸好的鳝丝翻几下，让酱汁裹匀鳝丝，出锅装盘，撒上姜丝、白芝麻点缀。

操作要领

鳝鱼在拍粉时注意要拍均匀。

营养贴士

鳝鱼有补气养血、温阳健脾、滋补肝肾、祛风通络等医疗保健功能。

视觉享受：★★★★ 味觉享受：★★★★ 操作难度：★★

清蒸狮子头

TIME 70分钟

菜品特点：肥而不腻 入口即化

主料：五花肉300克

配料：马蹄100克，鸡蛋1个，枸杞2克，料酒15克，清汤250克，精盐、胡椒粉、味精各3克，淀粉10克，油菜适量

操作步骤

①马蹄切丁，五花肉切粒；油菜洗净，用热水焯烫后，对切成两半，放入碗中，加少许清汤。

②将马蹄、五花肉放入盆中，加精盐、料酒、胡椒粉、味精、鸡蛋液、淀粉搅打上劲，用手团成球状，即成狮子头。

③制好的狮子头入笼蒸60分钟，取出放入放有油菜的碗中，撒上枸杞即可。

操作要领

做狮子球时，要捏紧，不然蒸的时候会散。

营养贴士

猪肉具有补虚强身、滋阴润燥、丰肌泽肤的功效。

主料：鸭1500克

配料：料酒30克，精盐130克，葱结10克，姜片5克，八角3克，花椒2克，清卤、五香粉各适量

操作步骤

①将光鸭的翅尖、脚爪斩去，清理出内脏和血管，放入清水中浸泡，去血水，洗净沥干；精盐、花椒、五香粉合在一起炒成椒盐。

②用椒盐将鸭身里外都抹匀，将鸭放入容器内腌1小时，腌好后取出鸭子，放入清卤中浸2小时，浸好后，将鸭子取出挂在通风处吹干。

③鸭子放入净锅中，腿朝上，头朝下，加足清卤没过鸭子，放姜片、葱结、八角、料酒，盖严，大火烧开，撇清浮沫，改小火焖煮近40分钟（不可烧滚），沥干，冷却后斩件摆盘即可。

操作要领

清卤的制法：用清水2.5千克为标准，加姜一二片，葱结一个，八角一粒，黄酒、醋少许和精盐、味精等先烧开，再用慢火熬成（此卤可重复使用）。

营养贴士

鸭肉可大补虚劳、滋五脏之阴、清虚劳之热、补血行水、养胃生津、止咳自惊、消螺蛳积、清热健脾、虚弱浮肿。

视觉享受：★★★★ 味觉享受：★★★★ 操作难度：★★★

南京盐水鸭

TIME 4小时

菜品特点：味道鲜美 营养丰富

拆烩鲢鱼头

TIME 50分钟

菜品特点

鱼肉肥嫩 汤汁稠浓

主料： 鲢鱼头500克

配料： 油菜心、春笋各50克，木耳3克，葱段、姜片、精盐、白糖、胡椒粉、料酒、白醋、味精、水淀粉、鸡汤、熟猪油各适量

视觉享受：★★★★★

味觉享受：★★★★★

操作难度：★★★

操作步骤

①鲢鱼头劈成两片，去鳃洗净；春笋洗净去皮切片；油菜心洗净；木耳洗净去蒂，撕小朵。

②锅内加清水，放入鱼头，置旺火上烧至鱼肉离骨时捞起，拆去鱼骨。

③锅内换清水，放入鱼头肉，加葱段、姜片、料酒，置旺火上烧沸，捞出备用。

④另起锅放熟猪油，至五成热时，放入葱段、姜片炸香后，捞去葱、姜，然后加入鸡汤、料酒、精盐、白糖，再放入笋片、鱼头肉和木耳，盖上盖，烧10分钟左右；然后放入油菜心，加味精，用水淀粉勾芡，淋入白醋、熟猪油，撒上胡椒粉即成。

操作要领

做鱼头菜一般用鲢鱼比较多，因为鲢鱼头大、肉多、肥嫩、味美。

营养贴士

鲢鱼头具有增强记忆力，延缓脑力衰退、抗老化、修补身体细胞组织等功效。

湖南菜

★★★★★

梅干菜蒸苦瓜

主料： 苦瓜250克，青辣椒、白辣椒、梅干菜各75克

配料： 豆豉、色拉油各适量，精盐、味精、蚝油、蒜茸、姜末各少许

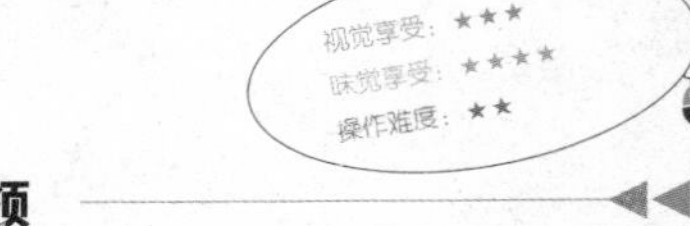

操作步骤

①苦瓜剖开、去籽、洗净，切成斜刀片，用精盐、味精、蒜茸、姜末、豆豉、蚝油拌匀；梅干菜洗净剁碎，放入锅中炒干水汽，盛出备用。

②锅中放入色拉油，烧热后放入梅干菜，放蒜茸、姜末、味精炒香，入味后扣入蒸钵底。

③将青辣椒、白辣椒洗干净、剁碎，挤干水分，放在梅干菜上，苦瓜码放在白辣椒上；将准备好的蒸钵上笼蒸20分钟，熟后反扣装盘，冲油即可。

操作要领

梅干菜要炒香，苦瓜要入味，白辣椒要保留本身的味道，蒸制时才能使其相互渗透。

营养贴士

苦瓜味苦、性寒，具有清暑解渴、降血压、降血脂等功效。

水煮黄鸭叫

主料： 黄鸭叫 500 克

配料： 葱段、姜片各 10 克，紫苏 1 把，蒜子 50 克，辣椒油 5 克，干红椒、豆芽、鲜花椒、盐、醋、味精、料酒、豆瓣酱、糖、植物油、生菜各适量

操作步骤

①黄鸭叫用清水养 2 天，去除内脏，清洗干净；干红椒切成 1 厘米长的段；生菜洗净；取部分蒜子切末。

②锅置旺火上，加入植物油，烧至六成热时下入黄鸭叫，两面煎黄，捞出沥干；锅中留底油，将姜片、葱段、豆瓣酱炒香，放入豆芽、紫苏、辣椒油、料酒，倒水搅煮，捞除汤渣，倒入黄鸭叫，加精盐、味精、糖、醋，放入干红椒段、蒜子、鲜花椒、清水，小火煨煮。

③煮到汤红油亮时，撒上蒜末即可。

操作要领

黄鸭叫从腮巴下撕开，挖出内脏，抹上少许精盐，放到烧热的油锅中，炸到不冒水汽为止。

营养贴士

黄鸭叫性味甘、平，有益脾胃、利尿消肿等功效。

主料： 猪脚 750 克

配料： 酱辣椒 10 克，小米椒 8 克，食用油、精盐、味精、蚝油、黄灯笼辣酱、蒸鱼豉油、广东米酒、葱花、蒜茸、姜末各适量

操作步骤

①猪脚处理干净，砍去脚爪后剁成 5 厘米见方的块，放入沸水中焯水，沥干水，拌入精盐、味精，扣在蒸钵中。

②将酱辣椒、小米椒剁成细米粒状，放入碗中，加入蒜茸、姜末、黄灯笼辣酱、味精、蚝油、蒸鱼豉油、广东米酒、食用油拌匀，即成开胃酱。

③用汤匙将开胃酱浇在猪脚上，上笼蒸 30 分钟，出锅后撒上葱花即可。

操作要领

蒸猪脚时火候一定要足，必须蒸烂。

营养贴士

猪蹄含丰富的胶原蛋白，可促进毛皮生长，预治进行性肌营养不良症，能使冠心病和脑血管病得到改善。

视觉享受：★★★★ 味觉享受：★★★★ 操作难度：★★

蒸开胃猪脚

TIME 50 分钟

蒸素扣肉

主料： 冬瓜750克

配料： 豆豉辣酱45克，红椒末1克，油、酱油、白芝麻各适量

视觉享受：★★★★
味觉享受：★★★★
操作难度：★★

操作步骤

①冬瓜去皮去籽，切成大块，用酱油上色。

②锅内放油，烧至八成热，下入冬瓜，炸至起虎皮样且成砖红色出锅。

③将炸好的冬瓜像扣肉一样扣入蒸钵中，放上豆豉辣酱，放25克油，上笼蒸20分钟，取出扣入盘中，撒上白芝麻、红椒末即可。

操作要领

冬瓜上的酱油一定要抹匀，炸出的色泽才一致。

营养贴士

冬瓜具有减肥降脂、护肾、清热化痰、防癌抗癌等功效。

视觉享受：★★★★ 味觉享受：★★★★★ 操作难度：★★

焦炸鸡腿

TIME 50分钟

主料： 鸡腿800克

配料： 番茄、鸡蛋各150克，干面粉、面包屑各100克，花生油1000克（实用100克），料酒50克，精盐10克，白糖20克，大葱、姜、花椒各15克，味精3克，香油30克，花椒粉、香菜各适量

操作步骤

①将葱、姜拍破；香菜择洗干净；番茄洗净切成瓣；鸡蛋磕入碗中打散。

②将鸡腿用牙签扎一些眼，用精盐、料酒、葱、姜、花椒、白糖、味精拌匀后腌约2小时，上笼蒸烂后取出；将鸡腿逐个裹上干面粉，然后在鸡蛋液中滚一下，再裹上面包屑。

③油锅中放入花生油烧热，把鸡腿逐个下入油锅，炸至焦脆呈金黄色捞出；将锅内油倒掉，另放香油和花椒粉烧热，淋在鸡腿上，周围用香菜、番茄瓣装饰即可。

操作要领

因有过油炸制过程，所以需准备花生油约1000克。

营养贴士

鸡肉有温中益气、补虚填精、健脾胃、活血脉、强筋骨的功效。

主料： 莲子200克，菠萝块50克

配料： 青豆、樱桃、桂圆肉各25克，冰糖150克，纯碱适量

操作步骤

①将莲子和纯碱放入锅中，放冷水烧沸，将碱水倒掉，换入温水，用双手搓擦莲子，再用清水冲洗2次至皮洗净，将去皮莲子捞出，装入碗内，用沸水泡上，使碱味全部吐出；再用牙签从莲子底部将莲心抵出，装入碗内，加入温水，上笼蒸软；桂圆肉用温水洗净，浸泡5分钟，将水滗去，待用。

②炒锅置中火上，放入清水，放入冰糖溶化，再加青豆、樱桃、桂圆肉、菠萝块，上火煮沸。

③将蒸熟的莲子滗去水，盛入大汤碗内，再将煮沸的冰糖水及锅中材料一起倒入汤碗即可。

操作要领

冰糖与水的比例为5∶3，过少莲子则会浮上来。

营养贴士

此菜具有养心安神、补脾和胃、润肺止咳、利水等功效。

视觉享受：★★★★ 味觉享受：★★★★ 操作难度：★★

冰糖湘莲

TIME 30分钟

洞庭金龟

主料：金龟1000克

配料：猪五花肉150克，冬笋、香菜各50克，水发香菇25克，八角1克，干红椒5克，葱、姜各15克，精盐、白糖、味精各1克，酱油、绍酒各25克，熟猪油50克，芝麻油20克，胡椒粉0.5克，桂皮2克

视觉享受：★★★★
味觉享受：★★★★★
操作难度：★★★

操作步骤

①龟肉放入开水中焯一下，除去薄膜，剁去爪尖，洗净滤干，切成3厘米长、2厘米宽的块；猪五花肉切成3厘米长、1厘米宽、0.2厘米厚的片；冬笋切成梳形片；香菇去蒂洗净，大的切开；葱打结，姜去皮、拍破；香菜洗净切段；干红椒切段。

②炒锅置旺火上，放入熟猪油，下入葱、姜煸出香味，放入龟肉、五花肉煸炒；烹入绍酒、酱油，放入桂皮、八角、干红椒、精盐、白糖、适量清水烧开，撇去泡沫，倒入炒锅，移到小火上煨1小时至龟肉软烂；再加入笋片、香菇煸炒至熟，放香菜、味精，撒上胡椒粉，淋入芝麻油，盛入汤盆中即可。

操作要领

此菜煨制时间较长，要将盖盖严，中途不可再加汤和调料，熟时再打开锅盖。

营养贴士

龟肉滋阴降火、补血健胃，对虚脱虚喘、崩漏失血、子宫脱垂、小儿遗尿有益。

视觉享受：★★★★ 味觉享受：★★★★★ 操作难度：★★

一罐香

TIME 60分钟

菜品特点：汤浓味鲜 养生保健

主料： 猪肚300克，乌鸡200克，排骨250克

配料： 党参40克，枸杞15克，小葱20克，姜片、葱片各10克，胡椒粉、白糖各3克，鸡精、精盐各5克，料酒10克，色拉油40克，红枣适量

操作步骤

①猪肚洗净切条，乌鸡洗净剁成长4厘米、宽1厘米的条，排骨剁成长3厘米的段，均飞水待用。

②锅中放油，烧至四成热，放入葱片、姜片爆香，放入飞水原料，烹料酒，煸干水汽；舀入清水大火烧开，撇去浮沫，倒入瓦罐，小葱挽结放入瓦罐，大火烧开至汤白，转小火煨40分钟。

③党参入水稍泡，捞出切3厘米长段，与枸杞、红枣放入瓦罐，煨15分钟，调入精盐、鸡精、胡椒粉、白糖即可。

操作要领

党参、枸杞不能煨很长时间。

营养贴士

本品具有补虚损、健脾胃、滋阴清热、补肝益肾、健脾止泻、增强机体抵抗力等功效。

主料： 鲜鱼肉200克，水发香菇75克，冬笋50克

配料： 鲜姜25克，猪油50克，熟火腿25克，料酒、鸡油各25克，水淀粉50克，胡椒粉少许，青蒜叶、精盐、味精、鸡汤、葱姜汁各适量

操作步骤

①鱼肉切成3厘米长的粗丝，加料酒、葱姜汁、精盐、味精腌入味；香菇、冬笋、火腿、鲜姜均切细丝。

②用青蒜叶将姜丝、火腿丝、香菇丝、鱼丝、冬笋丝捆绑在一起，用刀将两头切齐，码入碗中，加鸡汤、精盐、味精、葱姜汁、猪油、料酒、鸡油、胡椒粉上笼屉蒸熟。

③蒸鱼的原料滤净，倒入锅中烧开，用水淀粉勾芡，淋明油浇在鱼肉上即可。

操作要领

鱼肉要先腌渍入味。

营养贴士

柴把鱼有清除体内基、抗氧化、延缓细胞衰老的作用，适于春季食用。

视觉享受：★★★★ 味觉享受：★★★★ 操作难度：★★

柴把鱼

TIME 30分钟

菜品特点：肥嫩细腻 味道鲜香

红椒酿肉

TIME 30分钟

主料： 泡红鲜椒500克，五花猪肉300克，金钩虾30克，水发香菇15克，鸡蛋1个，鸡胸肉100克

配料： 蒜瓣50克，老抽20克，精盐2克，香油3克，淀粉20克，鲜姜20克，味精少许

视觉享受：★★★★
味觉享受：★★★★
操作难度：★

操作步骤

①猪肉剁成泥；虾、香菇洗净剁碎，加肉泥、鸡蛋、味精、精盐、淀粉调成软馅。

②泡红椒在蒂部切口去瓤，填入肉馅，用湿淀粉（淀粉加水）封口，炸至八成熟捞出，底朝下码入碗内，撒上蒜瓣，上笼蒸透，滗出原汁翻扣在盘中，原汁加入老油、香油，勾芡淋在红椒上即可。

操作要领

肉馅一定要一点点酿进去，否则红椒底部会空。

营养贴士

辣椒含有丰富的维生素等，食用辣椒能增加饭量，增强体力，改善怕冷、冻伤、血管性头痛等症状。

视觉享受：★★★★★ 味觉享受：★★★★ 操作难度：★

腐乳冬笋

TIME 15分钟

菜品特点：爽适口 香味浓郁

主料： 新鲜冬笋200克，白色腐乳汁10克

配料： 味精、精盐各2克，青椒、红椒、食用油各适量

操作步骤

①新鲜冬笋去掉外面的老皮，洗净后切成薄片；青椒、红椒洗净切丝。

②锅中倒入适量食用油烧热，倒入白色腐乳汁滑散，出香味后放入冬笋、青椒丝、红椒丝，加味精、精盐翻炒，淋明油出锅即可。

操作要领

腐乳最好选用湖南出产的。

营养贴士

此菜具有开胃消食、调中、预防老年性痴呆、止血凉血、通便、养肝等功效。

视觉享受：★★★★ 味觉享受：★★★★ 操作难度：★

豆豉辣蒸风吹鱼

TIME 50分钟

菜品特点：口感细腻 营养开胃

主料： 风吹鱼1条（约250克）

配料： 植物油25克，味精、精盐各3克，蒸鱼豉油20克，干椒、香葱、豆豉各5克，蒜子10克

操作步骤

①香葱切花，蒜子切末，干椒切段；风吹鱼用冷水泡30分钟取出，砍成2厘米左右的块，摆入盘中。

②锅置旺火上，放入植物油，烧至六成热，放入豆豉、干椒段、蒜末煸香，加精盐、味精调味，盖在鱼上，再淋入蒸鱼豉油，上笼蒸15分钟，取出后撒上葱花，淋上烧热的植物油即可。

操作要领

风吹鱼用淡盐水浸泡也可以，浸泡的目的主要是使鱼吸足水分，蒸起来更加油润。

营养贴士

此菜具有温中益气、醒脑明目等功效。

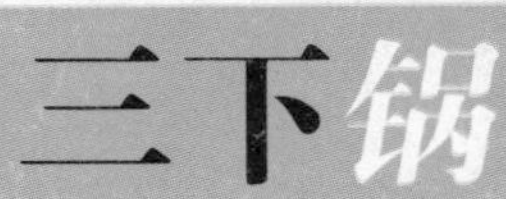

TIME 20分钟

菜品特点

味道浓郁
营养健康

主料： 娃娃菜300克，胡萝卜、白萝卜各75克，猪瘦肉40克

配料： 干红辣椒20克，辣椒油15克，精盐、味精各10克，猪油（炼制）500克（实用50克），高汤适量

视觉享受：★★★★
味觉享受：★★★★
操作难度：★★

操作步骤

①猪瘦肉切长条；胡萝卜、白萝卜洗净，去皮，白萝卜切菱形薄片，胡萝卜切长方形薄片（雕花）；娃娃菜洗净对切。

②猪油入锅烧热，放入肉条、萝卜片、娃娃菜略炸约3分钟，捞起沥油。

③锅中留油30克，先放入干红辣椒、辣椒油炒香，再加入高汤，放入沥干油的肉条、胡萝卜片、白萝卜片、娃娃菜，焖煮10分钟后放精盐、味精即可。

操作要领

本品有油炸过程，猪油约需要500克。

营养贴士

娃娃菜是一种微型大白菜，具有养胃生津、除烦解渴、利尿通便、清热解毒的功效。

视觉享受：★★★★　味觉享受：★★★★　操作难度：★

湘味蒸丝瓜

TIME 20分钟

菜品特点：营养丰富　老少皆宜

主料： 丝瓜2根

配料： 葱花15克，粉丝10克，剁椒100克，料酒、蚝油、白糖各5克，植物油15克

操作步骤

①粉丝提前在凉水中泡发备用；丝瓜去皮切滚刀块，浸入凉水中。

②锅中倒植物油，六成热时放入葱花和剁椒翻炒出香味，加入料酒、蚝油、白糖翻炒均匀，关火备用。

③将泡好的粉丝码入盘中，铺上丝瓜块，再将刚才炒好的剁辣椒放在上面，滚水中蒸10分钟左右即可。

操作要领

丝瓜切好后要放入水中浸泡，以免在空气中氧化变色。

营养贴士

丝瓜具有解毒、凉血、清热化痰等功效。

视觉享受：★★★★　味觉享受：★★★★　操作难度：★★

湘西炒酸肉

TIME 20分钟

菜品特点：色黄香辣　肥而不腻

主料： 肥猪肉750克

配料： 青蒜25克，干红辣椒15克，花生油50克，精盐30克，花椒粉7克，玉米粉100克，清汤200克

操作步骤

①肥猪肉刮洗干净，滤去水，切大块，每块重100克，用15克精盐、花椒粉腌5小时，再加玉米粉、15克精盐拌匀，放入密封的坛内腌15天，即成酸肉。

②将粘附在酸肉上的玉米粉扒放在瓷盘里，将酸肉切片；干红辣椒切细末；青蒜切成3厘米长的小段。

③炒锅置旺火上，放入花生油烧至六成热，先放酸肉、干椒末煸炒2分钟，当酸肉渗出油时，用手勺扒在锅边，下玉米粉炒成黄色，再与酸肉炒匀，再倒入清汤焖2分钟，待汤汁稍干，放入青蒜炒几下即成。

操作要领

炒肉时要一直转勺、翻锅，既可以防止粘锅，也可以避免上色不均。

营养贴士

肥肉的主要成分是脂肪（其中主要是饱和脂肪酸），能够供给人体更高的热量。

湘西土家鱼

TIME 45 分钟

菜品特点

味道鲜美 营养丰富

主料： 活鳜鱼 1 条（约 750 克）

配料： 蒜瓣 8 克，烟笋丝 50 克，泡红椒丝 10 克，肥腊肉丝 25 克，咸菜丝 15 克，小葱花 3 克，料酒 10 克，精盐、鸡精各 5 克，白糖 3 克，酱油、红油、陈醋各 5 克，色拉油适量

视觉享受：★★★★
味觉享受：★★★★★
操作难度：★★

操作步骤

①鳜鱼剖腹宰杀，刮净鱼鳞，洗净鱼腹中血水，两面剞上井字花刀。

②锅中放色拉油烧至四成热，放入鱼，小火煎至两面金黄发硬，烹入料酒，下入蒜瓣、烟笋丝、泡红椒丝、肥腊肉丝、咸菜丝；再放酱油、鸡精、白糖、红油、陈醋，加入热水将鱼浸没，大火烧开后盖上盖子，小火焖 15 分钟，待收至略有汤汁时，放精盐调味，盛入盘中；留原汁勾薄芡，倒入盘中，撒上小葱花即可。

操作要领

鱼要用小火煎，不然容易炸煳。

营养贴士

鳜鱼味甘、性平，具有补气血、益脾胃的滋补功效。

视觉享受：★★★★ 味觉享受：★★★★ 操作难度：★★

石湾脆肚

TIME 20分钟

菜品特点

味道微辣 营养健康

主料： 新鲜猪肚400克

配料： 干黄贡椒15克，蒜头20克，猪油80克，精盐5克，米酒10克，蚝油3克，酱油1克，味精、胡椒粉各1克

操作步骤

①干黄贡椒切碎；蒜头剁碎；猪肚用清水刮洗干净，用干清洁布擦干，斜纹切0.3厘米宽肚丝，放精盐3克、酱油、蚝油、味精、米酒拌匀腌一会儿。

②锅中放猪油烧热，放入干黄贡椒、蒜头，加精盐2克，煸炒至香出锅。

③锅中另热油，放入肚丝，爆炒至肚丝卷起断生，倒入干黄贡椒、胡椒粉翻炒均匀出锅装盘。

操作要领

中火炒辣椒、大火炒肚丝，时间1分钟。

营养贴士

猪肚具有治虚劳羸弱、泄泻、下痢、消渴、小便频数、小儿疳积的功效。

视觉享受：★★★★ 味觉享受：★★★★ 操作难度：★

素炒酱丁

TIME 20分钟

菜品特点

香辣美味 营养丰富

主料： 豆腐150克，香菇120克，黄瓜100克，胡萝卜50克

配料： 精盐、味精、蚝油、老干妈辣酱、姜末、色拉油各适量

操作步骤

①豆腐、香菇、黄瓜、胡萝卜均切丁，焯水，控水待用。

②锅放色拉油烧热，下姜末、老干妈辣酱、蚝油炒香，倒入四丁，加精盐、味精调味，炒匀即可。

操作要领

四丁在炒之前，最好都用开水焯一下。

营养贴士

此菜具有预防心血管疾病、促进骨骼发育、提高机体免疫力、抗衰老、明目等功效。

酸辣笔筒鱿鱼

TIME 40分钟

菜品特点
酸辣开胃
肉嫩爽口

主料： 水发鱿鱼 300 克

配料： 瘦猪肉末 50 克，酸菜 25 克，植物油、泡辣椒、碱水、酱油、黄醋、味精、精盐、葱花、湿淀粉、清汤各适量

视觉享受：★★★★
味觉享受：★★★★
操作难度：★

操作步骤

①鱿鱼剞十字花刀，切成长方形的片，在 70℃水中氽成笔筒形，放碱水中浸 30 分钟捞出，漂去碱味，加精盐、湿淀粉入味，放入八成热的植物油中氽熟捞出。

②锅中留底油，放入肉末、泡辣椒、葱花炒出香味，放鱿鱼、酸菜，加酱油、黄醋、味精合炒，再加清汤烧开勾芡，装盘即可。

操作要领

氽烫鱿鱼最好选用 70℃的热水。

营养贴士

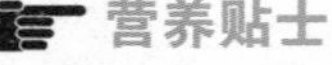

鱿鱼性平、味咸，具有养胃、补血益气、明目、壮骨、养颜护肤、养阴补虚等功效。

酸辣腰花

主料： 猪腰600克

配料： 泡菜100克，水发香菇20克，精盐3克，酱油20克，味精2克，料酒25克，香油15克，湿淀粉20克，红椒、大蒜各50克，猪油（板油）40克

操作步骤

①猪腰撕去皮膜，片成两半，再片去腰臊洗净，在表面斜剞一字花刀，翻过来再斜剞一字花刀，切成斜方块，装入盘内，用精盐拌匀，加湿淀粉浆好；水发香菇去蒂洗净，切块；泡菜切长片；红椒去蒂去籽洗净，切菱形片；大蒜择洗净切片。

②将猪油烧热，放入腰花，滑至八成熟，倒入漏勺滤油。

③锅内留底油，放入泡菜、香菇、红椒、大蒜炒一下，烹入料酒，加精盐、酱油、味精，倒入滑熟的腰花，翻炒几下，用湿淀粉调稀勾芡，淋香油即可。

操作要领

一字花刀即蓑衣花刀，两面深度为2/3。

营养贴士

猪腰味甘、咸，性平，具有补肾气、通膀胱、消积滞、止消渴的功效。

主料： 鸡心6个，鸡肝、鸡胗各3个

配料： 姜3片，蒜4瓣，干红辣椒3个，生抽30克，白醋、黄酒各15克，黄瓜、胡萝卜、味精、植物油各适量

操作步骤

①鸡胗切十字花刀，鸡肝、鸡心切片，一起放入沸水锅中焯一下；姜、蒜切末，干红辣椒切碎；黄瓜、胡萝卜洗净切片。

②锅中倒入适量植物油，加入姜末、蒜末、干红辣椒碎爆香，依次放入鸡胗、鸡心、鸡肝翻炒，倒入黄酒，再倒入生抽、白醋炒匀；放入黄瓜片和胡萝卜片翻炒，加水稍焖3分钟，快收干汁时，放入味精调味即可。

操作要领

倒入黄酒翻炒，可以去除鸡杂的腥味。

营养贴士

鸡心具有滋补心脏、镇静神经的功效；鸡肝含有丰富的蛋白质、钙、磷、铁、锌、维生素A、B族维生素。

酸辣鸡杂

潇湘五元龟

TIME 40分钟

菜品特点：味道极佳 营养保健

主料： 净龟肉适量

配料： 清汤、桂圆、荔枝、红枣、莲子、枸杞、色拉油、精盐、味精、料酒、酱油、胡椒粉、冰糖、姜片、葱段各适量

视觉享受：★★★★
味觉享受：★★★★
操作难度：★★

操作步骤

①龟肉初加工后斩成块，焯水，沥出洗净。

②锅中放少许色拉油，放入姜、葱炒香，再放入龟肉煸干水分，烹料酒、酱油，加清汤和冰糖上笼蒸熟，约七成烂时取出，拣去姜、葱等料。

③龟肉中放入桂圆、荔枝、红枣、莲子，加精盐、味精调味，上笼蒸至龟肉软烂入味，取出，撒胡椒粉、枸杞即可。

操作要领

龟肉煸干水分，再放料酒、酱油上笼蒸，比较容易入味。

营养贴士

龟肉营养价值高，富含蛋白质、矿物质，有养阴补血、益肾填精、止血的功效。

视觉享受：★★★★ 味觉享受：★★★★ 操作难度：★

小炒火焙鱼

TIME 20 分钟

菜品特点：外黄内鲜 咸鲜适口

主料： 火焙鱼适量

配料： 青椒、葱丝、酱油、植物油各适量

操作步骤

①火焙鱼洗净，沥干；青椒洗净，切丝。

②锅置火上，倒油烧至六成热，放入火焙鱼炸香，捞出沥油。

③锅留底油烧热，放入葱丝炒香，加入青椒丝、酱油炒匀，放入火焙鱼翻炒均匀即可装盘。

操作要领

火焙鱼要先用植物油炸一下，再炒。

营养贴士

火焙鱼是小鱼去掉内脏，用细火焙烘加工而成的鱼，比大鱼更有营养。

主料： 猪肚 600 克，干芸豆 100 克

配料： 植物油 30 克，料酒 20 克，姜片 15 克，食盐 8 克，味精 5 克，葱花 5 克，鸡精 4 克，胡椒粉 3 克，白糖 2 克，鲜汤 1000 克

操作步骤

①猪肚刮洗干净，放入冷水锅内煮至断生，捞出过凉，切成 5 厘米长的条；干芸豆用温水泡 1 小时，捞出沥干。

②锅置旺火上，放入植物油烧至六成热，放入姜片煸香，放入肚条稍煸，烹入料酒，倒入鲜汤烧开；加食盐、味精、鸡精、白糖调味，放入干芸豆炖至软烂入味，撒上胡椒粉和葱花即可。

操作要领

猪肚要用少许食用碱反复搓洗，再冲洗干净。

营养贴士

猪肚含有蛋白质、脂肪、碳水化合物、维生素及钙、磷、铁等，具有补虚损、健脾胃的功效。

视觉享受：★★★★ 味觉享受：★★★★ 操作难度：★★

芸豆炖猪肚

TIME 25 分钟

菜品特点：咸鲜适口 营养开胃

炸熘仔鸡

TIME 50分钟

菜品特点

味道鲜浓
酸中带甜

主料： 仔鸡 1000 克

配料： 杭椒、大蒜（白皮）各 35 克，醋 40 克，白糖 50 克，湿淀粉（玉米）75 克，酱油 75 克，猪油（炼制）750 克（实用 75 克）

视觉享受：★★★★
味觉享受：★★★★★
操作难度：★★★

操作步骤

①仔鸡取出内脏，去掉嗉囊、食管和气管（留下肫、肝），洗净，剔去大骨，剁成块，肫、肝切成小块，用酱油 25 克、湿淀粉 60 克将鸡块、肝、肫浆拌好；杭椒切成段，大蒜拍碎；将酱油 50 克、醋、白糖、湿淀粉 15 克放入碗中，调成卤汁。

②炒锅置旺火上，下熟猪油烧至七成热，将鸡肉、肫、肝下锅炸至金黄色捞起，待油烧至八成热时再下锅复炸至金红色，倒入漏勺沥去油。

③原锅留余油，放入蒜瓣、杭椒，煸炒出香，倒入卤汁烧开，放入鸡肉和肫、肝，将锅颠翻几下，淋上熟猪油 20 克，起锅即可。

操作要领

本品有过油炸过程，需备猪油约 750 克。

营养贴士

此菜具有补虚温中、止血治崩、补虚损、益虚羸、行乳汁等功效。

视觉享受：★★★★★ 味觉享受：★★★★ 操作难度：★

豉椒划水

TIME 20分钟

菜品特点：味道香浓 色泽红亮

主料： 草鱼尾（划水）300克

配料： 笋片10克，鸡蛋2个，精盐2克，酱油4克，醋2克，干辣椒2克，豆豉10克，白糖、湿淀粉、鸡汤、色拉油各适量

操作步骤

①划水用精盐腌约10分钟，用湿淀粉、鸡蛋液上浆；干辣椒切段。

②起锅放色拉油烧至八成热，放入划水炸至金黄色，捞出。

③锅中留底油，放干辣椒爆香，放豆豉、划水、笋片、酱油、醋、白糖煸炒，放鸡汤用微火焖透，勾芡出锅装盘即可。

操作要领

划水用精盐腌一段时间，容易入味。

营养贴士

此菜具有开胃、抗衰老、软化血管、润肠、润肺、防癌、健脑、活血等功效。

主料： 兔丁适量

配料： 萝卜干、葱末、姜末、蒜末、精盐、味精、植物油、酱油、料酒、白糖、花椒、干辣椒段、香油、生粉各适量

操作步骤

①兔丁中加精盐、生粉、酱油、料酒、植物油拌匀，腌5分钟；将植物油烧至三成热，放入腌好的兔丁炸至金黄取出控油。

②坐锅点火，下葱、姜、蒜末爆香，加入干辣椒段、花椒炒香，再放入兔丁翻炒，加精盐、酱油、白糖、料酒、味精调味，起锅前加入萝卜干，淋香油即可。

③将装有啤酒的酒杯倒置在盘中，盛上炒好的兔丁，让啤酒慢慢渗入兔丁中。

操作要领

兔丁最好先腌一下，以便能更好入味。

营养贴士

兔肉具有补中益气、凉血解毒等功效。

视觉享受：★★★★ 味觉享受：★★★★ 操作难度：★★

三湘啤酒兔丁

TIME 20分钟

菜品特点：麻辣鲜香 风味独特

竹筒浏阳豆豉鸡

TIME 50分钟

菜品特点：味道浓厚 口感特别

主料： 竹筒1个，仔鸡1只（净重约500克）

配料： 色拉油50克，精盐、味精各4克，胡椒粉2克，香油2克，料酒10克，郫县豆瓣酱3克，姜、蒜片各3克，浏阳豆豉、干椒各10克

视觉享受：★★★★
味觉享受：★★★★★
操作难度：★★

操作步骤

①仔鸡剁成2厘米见方的小块；干椒切碎，姜切小片备用。

②锅中倒入色拉油烧至六成热，下入浏阳豆豉、郫县豆瓣酱、姜片、蒜片、干椒碎，大火煸出香味，放入仔鸡块，中火炒干水分、出香气，加精盐、味精、胡椒粉、料酒，中火翻炒几下；炒匀后出锅放入竹筒，将竹筒盖上盖儿入笼旺火蒸30分钟，取出淋上香油即可。

操作要领

这种做法一定要用仔鸡，老母鸡和土鸡都达不到效果。

营养贴士

鸡肉有温中益气、补虚填精、健脾胃、活血脉、强筋骨的功效。

视觉享受：★★★★ 味觉享受：★★★★★ 操作难度：★

紫龙脱袍

TIME 20分钟

菜品特点：鲜香味美 诱人食欲

主料： 鳝鱼500克，冬笋丝50克，红柿子椒丝30克，香菇丝10克

配料： 葱、姜丝各10克，香菜段3克，鸡蛋液30克，精盐、味精各2克，淀粉30克，料酒30克，胡椒粉、香油、食用油各适量

操作步骤

①将鳝鱼扒皮，鳝鱼肉放在沸水中汆一下，剔去刺，切成5厘米长、0.3厘米粗的丝，用鸡蛋液、淀粉上浆。

②起锅放食用油烧热，下入鳝鱼丝滑散，捞出控油；冬笋丝、红柿子椒丝、香菇丝过油。

③锅中留底油，投入葱、姜丝爆香，放入鳝鱼丝、冬笋丝、香菇丝、红柿子椒丝、精盐、味精及料酒，翻炒均匀，撒入胡椒粉，淋香油，放香菜段即可。

操作要领

将鳝鱼放在砧板上，用刀划开皮，然后用刀按住肉，迅速一撕，皮就扒下来了。

营养贴士

鳝鱼有益气血、补肝肾、强筋骨、祛风湿等功效。

主料： 淮鸭400克，紫油姜125克

配料： 红椒、香菜、植物油、精盐、酱油、料酒各适量

操作步骤

①淮鸭斩成小块；紫油姜切片；红椒切小段；香菜洗净切段配色用。

②锅内放植物油，待油热后，放入淮鸭块，加料酒煸炒，放入紫油姜片、红椒段、精盐、酱油翻炒起锅，摆香菜配色即可。

操作要领

在紫油姜的选料上，要用脆嫩的子姜。

营养贴士

鸭肉有大补虚劳、滋五脏之阴、清虚劳之热、补血行水、养胃生津、止咳自惊、消螺蛳积、清热健脾、虚弱浮肿等功效。

视觉享受：★★★★ 味觉享受：★★★★★ 操作难度：★

紫油姜炒鸭

TIME 30分钟

菜品特点：质地软烂 鲜香爽口

干锅菊花牛鞭

TIME 45分钟

菜品特点
入口酥烂
味香醇厚

主料： 牛鞭500克，鸡肫、鸭肫各50克

配料： 酱油5克，豆瓣酱3克，食盐、味精各3克，干红椒段、蒜片、姜片、桂皮、八角各3克，色拉油50克，高汤200克

视觉享受：★★★★
味觉享受：★★★★
操作难度：★★

操作步骤

①将牛鞭处理干净，放入清水锅中煮15分钟后捞出，切成菊花刀；鸡肫和鸭肫均处理干净，改菊花刀纹。

②锅内放入色拉油烧热，下桂皮、八角、干红椒段、蒜片、姜片、豆瓣酱用大火煸香，加入牛鞭花、鸡肫花和鸭肫花，倒入高汤用小火煮8分钟；调入酱油上色，放入食盐、味精煮至入味，倒入干锅即可。

操作要领

牛鞭要煨烂，应用小火，避免煳锅。

营养贴士

此菜具有补肾壮阳、固本培元、助消化、增强脾胃功能等功效。

视觉享受：★★★★ 味觉享受：★★★★ 操作难度：★★

奶汤鱼腩

TIME 25分钟

菜品特点：汤色奶白 肉嫩味鲜

主料： 鱼肚腩肉500克

配料： 色拉油25克，精盐6克，味精2.5克，料酒15克，奶汤750克，胡椒粉3克，姜块、葱结各25克，姜片10克

操作步骤

①将鱼腩去鳞洗净，抹料酒、精盐，放姜块、葱结上笼旺火蒸6分钟至七成熟，取出后拣出葱结、姜块。

②锅放底油烧至六成热，下姜片煸香，再下入奶汤、精盐、味精烧开，放入鱼腩，中火煮5分钟，撒胡椒粉出锅即成。

操作要领

鱼腩抹料酒、精盐，与姜、葱一块蒸，可以很好地去腥味。

营养贴士

本品适合女性、孕妇、老年人和体弱者进行进补，也适合工作压力大的男性和工作劳心者。

视觉享受：★★★★ 味觉享受：★★★★ 操作难度：★

咸肉蒸双白

TIME 40分钟

菜品特点：咸鲜适口 制作简便

主料： 自制咸肉、娃娃菜、冻豆腐各200克

配料： 高汤100克，精盐10克，猪油10克，鸡精5克

操作步骤

①娃娃菜纵向改刀成两半，入沸水中焯水5秒捞出；冻豆腐切成0.5厘米厚的片，入沸水中焯水1分钟捞出，沥干水分；咸肉洗净入笼旺火蒸20分钟取出，切成薄片。

②取盘将冻豆腐整齐排列在碗底，上铺娃娃菜，最上一层盖上咸肉片，然后加上精盐、鸡精、高汤、猪油上笼旺火蒸15分钟即可。

操作要领

咸肉要先入清水中洗去盐粒再蒸，否则太咸。

营养贴士

此菜具有养胃生津、除烦解渴、利尿通便、清热解毒等功效。

香瓜鸽盅

TIME 30分钟

菜品特点

瓜香鸽烂 汤鲜味美

主料： 鸽肉 1000 克，香瓜 1000 克

配料： 蘑菇（鲜蘑）、火腿各 50 克，干贝、虾米各 25 克，莲子、玉兰片各 30 克，料酒 50 克，精盐 10 克，味精 2 克，胡椒粉 1 克，大葱 25 克，姜 15 克，鸡汤 750 克

视觉享受：★★★★★
味觉享受：★★★★★
操作难度：★★★

操作步骤

①干贝去老筋，与虾米一起洗净；火腿切菱形片；葱和姜拍破；莲子、玉兰片分别用水泡发，玉兰片、蘑菇去蒂均切成火腿片一般大小的片，放入冷水锅烧开氽过捞出待用；香瓜洗净，切下盖（香瓜盖保留待用），挖净籽，在香瓜口上刻上鱼齿花刀，并在上面刻上图案花纹。

②鸽肉洗净，放入汤锅中白煮一下捞出，洗净血沫，去净骨，切成方块，加入干贝、虾米、火腿、精盐、鸡汤 750 克、料酒、葱、姜，上笼蒸烂取出。

③将鸽肉里的葱、姜去掉，加入玉兰片、蘑菇、莲子和味精调好味，装入香瓜内，盖上香瓜盖，再放入碗内，上笼蒸熟透取出，放胡椒粉即可。

操作要领

莲子和玉兰片需要提前泡发。

营养贴士

本品具有补气虚、益精血、暖腰膝、消暑清热、生津解渴、除烦、滋阴补肾、和胃调中等功效。

咸鱼蒸肉饼

主料： 咸鱼肉50克，猪上肉200克

配料： 精盐5克，干淀粉5克，植物油5克，胡椒粉少许，葱花、姜丝各适量

操作步骤

①咸鱼肉去掉鱼骨切成小粒，猪上肉切成粒一起拌匀，剁成肉茸。

②把肉茸放在碗内，加入精盐、干淀粉、胡椒粉一起搅拌至肉茸产生黏性，放在碟上摊平成饼状，加入植物油。

③旺火烧开蒸锅，放入肉饼，蒸约7分钟端离火口，利用余热焗3分钟打开锅盖取出肉饼，撒上葱花、姜丝即可。

操作要领

咸鱼很咸，可以根据自己的口味，先在清水中浸泡一段时间。

营养贴士

本品具有降逆止呕、化痰止咳、散寒解表、补虚强身、滋阴润燥、丰肌泽肤等功效。

主料： 腊肉300克，腊八豆100克

配料： 干红椒粉、姜末、蒜末、精盐、老抽、花生油各适量

操作步骤

①腊肉用温水泡洗，除去部分咸味后切大片待用；腊八豆洗净沥干水分，下油锅炸香待用。

②起锅下花生油烧热，下入姜末、蒜末炒香，下干红椒粉、腊八豆炒香，下精盐、老抽调味后出锅冷却。

③腊肉片整齐地摆在盘中，放上炒好的腊八豆，上笼蒸30分钟即可。

操作要领

用火烧焦腊肉皮，用温水清洗干净，刮去焦味。

营养贴士

腊八豆含有丰富的营养成分，是营养价值较高的保健发酵食品。

视觉享受：★★★★ 味觉享受：★★★★ 操作难度：★★

腊八豆蒸腊肉

TIME 40分钟

菜品特点：色泽红亮 香味浓郁

腊肉蒸鸡块

主料： 腊肉1块，鸡腿1只

配料： 葱花、干辣椒面、干豆豉、鸡精各适量

视觉享受：★★★★
味觉享受：★★★★
操作难度：★

操作步骤

①腊肉切成薄片；鸡腿剁成小块，冲洗干净，码入碗中，撒一点点鸡精。

②将腊肉片码在鸡块上面，再加点干豆豉和干辣椒面，上高压锅蒸20分钟，出锅后倒扣入盘中，撒点葱花即可。

操作要领

腊肉本身就比较咸，可以根据个人口味，不加盐或少加盐。

营养贴士

此菜具有开胃祛寒、消食、温中补脾、益气养血、补肾益精等功效。

视觉享受：★★★★ 味觉享受：★★★★ 操作难度：★★

腊味合蒸

TIME 45分钟

菜品特点：腊香浓重 咸甜适口

主料： 腊猪肉、腊鸡腿、腊鲤鱼各200克

配料： 肉清汤、熟猪油各25克，白糖15克，葱白丝、红椒丝各适量

操作步骤

①洗净腊猪肉、腊鸡腿和腊鲤鱼放入锅内，加盖大火隔水清蒸15分钟，取出摊凉备用。

②腊鲤鱼去鱼鳞、剔鱼刺，与腊鸡腿、腊猪肉均切成大小均一的条状。

③取一深碗，将腊猪肉、腊鸡腿和腊鲤鱼分别皮朝下整齐地排放于碗内，用手稍压紧实，加入熟猪油和白糖，淋入肉清汤。

④烧开锅内水，放入盛腊味的碗，加盖大火隔水清蒸20分钟后取出，先倒出碗内的鸡汤，再将腊味倒扣在碟中，摆上葱白丝、红椒丝，淋入鸡汤即可。

操作要领

腊鲤鱼味道偏咸，因此做腊味合蒸时，不宜再放盐调味，以免成菜过咸发苦。

营养贴士

此菜具有开胃祛寒、消食、温中补脾、益气养血、补肾益精、降低胆固醇等功效。

视觉享受：★★★★ 味觉享受：★★★★ 操作难度：★

浏阳豆豉蒸排骨

TIME 75分钟

菜品特点：简单易做 营养丰富

主料： 小排骨600克，传统豆腐1块

配料： 浏阳豆豉酱30克，料酒、精盐、味精、葱花各适量

操作步骤

①排骨先用料酒和精盐腌15分钟，再加入浏阳豆豉酱搅拌均匀。

②将豆腐从中间剖开，铺在盘底，上面撒点精盐、味精，再将拌匀的排骨铺排在上面，盖上保鲜膜，放入蒸锅中蒸1小时至排骨熟烂，取出去除保鲜膜，撒上葱花即可。

操作要领

可以选择自己喜欢的腌料来腌排骨。

营养贴士

此菜具有滋阴壮阳、益精补血、宽中益气、调和脾胃、消除胀满等功效。

浏阳河鸡

菜品特点

制作简便 营养保健

主料： 子土公鸡1只（约750克）

配料： 黄芪10克，干紫苏梗30克，路边荆15克，精盐、白酒、姜、香芹各少许，植物油、鸡高汤各适量

操作步骤

①将子土公鸡宰杀、烫水煺毛，开膛去内脏，洗净后剁成3厘米见方的块；黄芪、干紫苏梗、路边荆洗净，姜切成3厘米长、1厘米宽、0.2厘米厚的片，香芹洗净切段配色用。

②锅中放入植物油，烧至四成热，放姜片煸香，再放入子土公鸡用旺火煸炒，不断烹入白酒，炒香后放路边荆、黄芪、干紫苏梗一起翻炒；加入鸡高汤、精盐，烧开后撇去浮沫，倒入罐子内用小火煨20分钟至鸡肉软烂，拣去路边荆、黄芪、干紫苏梗；倒入锅中，用旺火收干汤汁，出锅装盘，放上香芹段配色即可。

操作要领

鸡肉要用小火煨熟。

营养贴士

风湿病患者，特别是脚抽筋患者食用多次后有比较明显的效果。

视觉享受：★★★★ 味觉享受：★★★★ 操作难度：★★

麻辣田鸡

TIME 40分钟

主料： 大活田鸡1500克

配料： 红辣椒、大蒜各50克，酱油25克，湿淀粉、料酒各50克，醋、香油各10克，味精2克，花生油1000克（实耗100克），花椒粉1克，精盐5克，清汤、白萝卜各适量

操作步骤

①田鸡去内脏后洗净，斩块，用少许精盐和酱油拌匀，再用湿淀粉浆好待用；红辣椒去蒂去籽，洗净后斜切段；大蒜切斜段；白萝卜洗净切块，放开水中焯一下；酱油、醋、味精、料酒、香油、湿淀粉和少许清汤兑成汁。

②锅中放入花生油烧热，放入田鸡炸一下捞出，待油内水分烧干时，再下入田鸡重炸焦酥呈金黄色，倒漏勺滤油。锅中留底油，放入红椒段、白萝卜块，加精盐炒一下，再放入花椒粉、大蒜、田鸡，倒入兑汁颠几下，装入盘内即成。

操作要领

若用葱、姜、蒜和红辣椒均切末，加花椒粉烹制，则叫椒麻田鸡。

营养贴士

田鸡含有维生素E和锌、硒等微量元素，有延缓机体衰老、润泽肌肤、防癌抗癌等功效。

主料： 兔肉（野）1000克

配料： 红尖辣椒、青蒜各50克，花生油1000克（实用100克），料酒、酱油各25克，精盐5克，味精2克，醋15克，花椒1克，湿淀粉（豌豆）25克，清汤50克，香油适量

操作步骤

①兔肉洗净去掉骨和筋，用刀背捶松，切成2厘米见方的丁，用少许酱油拌匀，加湿淀粉浆好；红尖辣椒去蒂去籽，洗净后切段；青蒜切段；用酱油、醋、味精、清汤50克、香油、湿淀粉兑成汁。

②锅中放入花生油烧热，放入兔肉丁，炒散即捞出，待油内的水分烧干，放入兔肉重炸焦酥呈金黄色，倒入漏勺沥油。

③锅内留50克油，放入红尖椒段，加精盐炒一下，再下入花椒、青蒜和兔肉，烹料酒，倒入兑汁，翻炒几下，装盘即可。

操作要领

因有过油炸制过程，需准备花生油约1000克。

营养贴士

经常食用兔肉可保护血管壁、阻止血栓形成，并能增强体质、健美肌肉、维护皮肤弹性。

视觉享受：★★★★ 味觉享受：★★★★ 操作难度：★★

麻辣野兔丁

TIME 40分钟

菜品特点
外焦内嫩
麻辣香鲜

蒸火焙鱼

TIME 35分钟

主料： 火焙鱼200克

配料： 鲜红椒、姜、蒜、茶油、精盐、醋、生抽、料酒各适量

视觉享受：★★★★
味觉享受：★★★★
操作难度：★

操作步骤

①火焙鱼用温水泡10分钟，去掉鱼骨和内脏，清洗干净；鲜红椒、姜、蒜均切末。

②将处理干净的火焙鱼放入碗中，将切好的鲜辣椒、姜、蒜全部放在火焙鱼上，再加精盐、少许醋、料酒、生抽，淋上茶油，上锅蒸15分钟即可。

操作要领

一定不要忘了加少许醋，这是让蒸出的火焙鱼更加美味的法宝。

营养贴士

火焙鱼是小鱼去掉内脏，用细火焙烘加工而成的鱼，比大鱼更有营养。

毛豆烧鱼乔

主料： 鱼乔（小鳝鱼）400克，新鲜毛豆200克

配料： 青杭椒丁、红杭椒丁各10克，郫县豆瓣酱50克，尖椒碎5克，料酒10克，味精2克，高汤500克，色拉油1000克

操作步骤

①鱼乔去内脏切成寸段，入沸水飞水1分钟；毛豆飞水半分钟捞出待用。

②锅放油烧至六成热，放入鱼乔过油10秒，捞出控干。

③净锅放火上，放入10克底油，烧至六成热，放入豆瓣酱、尖椒碎，中火煸出香味，放入鱼乔、毛豆、青杭椒丁、红杭椒丁、高汤，小火烧5分钟至汤汁浓稠，加料酒、味精炒匀即可。

操作要领

鳝鱼烧制时要用小火。

营养贴士

鳝鱼具有补中益气、养血固脱、温阳益脾、强精止血、滋补肝肾、祛风通络等功效。

主料： 羊里脊700克

配料： 鸡蛋清50克，花生油1000克（实耗100克），料酒20克，精盐8克，味精1克，醋10克，辣椒酱20克，花椒粉5克，白糖15克，葱花、姜末、蒜末各15克，香油15克，湿淀粉（豌豆）50克，清汤、香菜各适量

操作步骤

①羊里脊肉横切成3厘米厚的块，用刀拍一下，再用刀背捶松，放料酒和精盐腌上，再用鸡蛋清、湿淀粉40克调匀浆好；香菜择洗干净；用清汤、味精、白糖、精盐、醋、辣椒酱、湿淀粉10克、香油兑成汁。

②锅内放入花生油烧到七成热，下羊里脊肉炸一下捞出，待油锅水分烧干后，再下入羊里脊重炸至香酥透，倒入漏勺沥油；锅中留底油，下姜末、蒜末、葱花、花椒粉炒出香味，倒入炸酥的羊里脊片和兑汁，翻颠几下，装入盘内，周围拼香菜即成。

操作要领

因有油炸过程，需准备花生油1000克。

营养贴士

羊里脊味甘、性热，具有补肾壮阳、补虚温中等功效。

九味烹羊里脊

TIME 2小时

菜品特点
肉质酥烂
香辣可口

主料： 洞庭湖区麻鸭1只（约1250克）

配料： 花生油1250克，料酒、蚝油、红油各5克，精盐10克，永丰辣酱、香油、干椒、姜末各10克，八角、桂皮各2克，鸡精2克，芝麻酱、龙凤酱油各2克，香叶1克，脆浆（用大红浙醋、饴糖、生粉调制）200克，高汤100克，蒜茸15克，红椒末25克

视觉享受：★★★★
味觉享受：★★★★
操作难度：★★

操作步骤

①麻鸭宰杀后去净毛、内脏，冷水下锅，中火烧开去尽血污，小火煮约50分钟至八成熟捞出沥干水分，在鸭子表面均匀抹上一层脆浆。

②锅内放花生油烧至八成热，放入鸭子，小火炸至表面金黄捞出待用。

③锅内留油10克，烧至六成热，下入姜末、八角、蒜茸、桂皮、香叶、整干椒、永丰辣酱，中火煸香后加入高汤100克；将炸好的鸭子浸在汤汁中，依次加入精盐、鸡精、料酒、蚝油、龙凤酱油、芝麻酱，小火焖约10分钟，大火收汁；将鸭子捞出冷却，改刀成小块，摆入盘中，上蒸柜旺火蒸熟；浇上用蒜茸、红椒末、永丰辣酱、红油调制的油辣汁，淋香油即可。

操作要领

洞庭麻鸭先炸后焖再蒸，最后浇油辣汁，可使麻鸭多重口味，更加鲜香。

营养贴士

鸭肉味甘、性寒，有滋补、养胃、补肾、消水肿、止热痢、止咳化痰等功效。

视觉享受：★★★★ 味觉享受：★★★★ 操作难度：★

火腿炒茄瓜

TIME 20分钟

菜品特点：色泽鲜艳 营养丰富

主料： 三文治火腿50克，茄子150克

配料： 青椒、红椒各1个，生姜1块，猪油30克，精盐10克，味精8克，白糖2克，蚝油、生抽王各5克，湿生粉、麻油各适量

操作步骤

①火腿切片，再切条；茄子洗净，去皮，切条；青椒、红椒洗净，切段；生姜切片。

②烧锅中放入猪油，放入生姜、青椒、红椒、精盐、火腿炒至入味断生，加入茄子、味精、蚝油、生抽王、白糖，用大火爆炒，然后用湿生粉打芡，淋入麻油，翻炒几下出锅即可。

操作要领

茄子也可不用去皮，茄子皮中富含维生素P，对心血管病、败血病等症有很好的防治作用。

营养贴士

常吃茄子能清热解暑、散血、消肿和宽肠，消化不良、容易腹泻者不宜多食。

主料： 精面粉500克，鸡蛋15个

配料： 绵白糖650克，饴糖200克，苏打粉7.5克，熟猪油10克，菜籽油2500克（约耗400克）

操作步骤

①炒锅内加清水500克烧沸，放入面粉和熟猪油，边煮边搅拌，熟后离火，晾凉至80℃，磕入鸡蛋，加入苏打粉揉匀。

②炒锅加菜籽油，烧至三成热，将揉好的鸡蛋面用左手抓捏，使面团从手的虎口处挤出呈圆球状，再用右手逐个刮入锅内，炸至全部浮起后，提高油温炸透，待蛋球外壳黄、硬时，用漏勺捞出沥油。

③炒锅内加水200克烧沸，加饴糖、绵白糖150克，推动手勺使之溶化，离火稍冷却，将鸡蛋球逐个入锅挂满糖汁，再在绵白糖碗内滚上白糖即可。

操作要领

鸡蛋球刚入锅炸制时，动作要迅速，油温要低。

营养贴士

本品具有滋阴润燥、养心安神、养血安胎等功效。

视觉享受：★★★★★ 味觉享受：★★★★★ 操作难度：★★

鸡蛋球

TIME 30分钟

菜品特点：松软细腻 香甜可口

鸡汁糯百叶

主料：上等豆腐百叶 350 克，鸡汤 150 克

配料：鸡油 60 克，猪油 15 克，蒸熟的火腿 10 克，精盐、味精各 10 克，鸡粉 15 克，大蒜 5 克，碱水 1 克，胡椒粉 5 克

操作步骤

①百叶改刀成 5 厘米见方的大片；火腿、大蒜切成末。

②将改刀好的百叶放入带有碱水的锅中，小火沸水煮 1 分钟，捞出备用。

③锅中放入鸡汤、鸡油、猪油，大火烧 1 分钟，油全部溶入汤中后加精盐、味精、鸡粉、胡椒粉，再放入百叶，转小火煮 3 分钟，撒火腿末、大蒜末即可。

操作要领

用碱水煮百叶，可以使百叶的口感更好。

营养贴士

此菜具有宽中益气、调和脾胃、消除胀满、缓解感冒症状、改善人体免疫力等功效。

视觉享受：★★★★ 味觉享受：★★★★ 操作难度：★★

芥末白片肉

TIME 30分钟

菜品特点：肉片软嫩 香鲜爽口

主料： 猪腿肉400克，娃娃菜适量

配料： 蒜瓣15克，姜10克，醋5克，味精、精盐各2克，芥末粉10克，酱油、麻油各15克

操作步骤

①猪肉洗净，放入开水锅中煮熟，用原汤浸泡并晾凉；芥末粉用开水调湿，用纸封严加温约15分钟后，成芥末汁；蒜瓣捣成泥，放入碗内，加入麻油和凉开水搅匀；娃娃菜切掉根部，横切段，洗净，放入开水锅中汆烫至熟，放入盘中待用。

②姜切末，加入芥末汁、蒜泥汁、酱油、醋、精盐、味精兑成卤汁。

③将煮熟的肉剔去皮和部分肥肉，切成4.5厘米长、3.3厘米宽的薄片，放在娃娃菜上，倒入卤汁拌匀即可。

操作要领

肉煮至断生即可，切勿煮烂。

营养贴士

此菜具有补虚强身、滋阴润燥、丰肌泽肤、养胃生津、除烦解渴、利尿通便、清热解毒等功效。

主料： 豆腐300克

配料： 红辣椒、干辣椒各2个，香葱1棵，蒜末10克，食用油500克（实耗40克），酱油10克，豆豉20克，精盐、白糖各5克，味精3克

操作步骤

①豆腐切成四方小块，红辣椒去籽、切丁，葱切葱花，干辣椒切段。

②炒锅烧热放油，放入豆腐块，炸黄捞出备用。

③炒锅留底油，下入蒜末、红辣椒丁、干辣椒段和豆豉后，倒入炸过的豆腐，加入酱油、白糖、精盐、味精炒匀，出锅撒上葱花即可。

操作要领

炸过的豆腐容易吸汁，炒时可加一点高汤或清水，以免菜肴过干。

营养贴士

此菜具有降压、降脂等功效。

视觉享受：★★★★ 味觉享受：★★★★ 操作难度：★★

湘辣豆腐

TIME 25分钟

菜品特点：香辣可口 开胃下酒

鸡汁玉翠鱼丸

主料： 番茄300克，草鱼肉200克，鸡汤300克

配料： 鸡蛋清75克，荸荠70克，猪油100克，料酒、湿淀粉各15克，味精、白糖各2克，胡椒粉1克，葱、姜各10克，精盐10克，鸡油10克，木耳适量

操作步骤

①葱和姜捣烂，用料酒和少许水取汁；荸荠削皮切成食指大小的方粒，放入开水锅内汆熟捞出；番茄用开水烫一下，剥去皮，每个切成3刀6瓣，去掉籽和部分瓤，用开水烫一下，摆在大碗周围；木耳泡发去蒂，洗净，放入沸水中汆熟，捞出撕成小片，放入大碗中；将鱼肉剁碎成鱼茸用冷汤浸泡调稀，放入适量的精盐拌匀，朝着一个方向搅起劲，加入鸡蛋清、胡椒粉、白糖、味精搅拌均匀。

②锅内放入冷水，鱼茸中塞进一颗荸荠粒，挤成3厘米大的丸子，下入锅内汆熟捞出。

③锅中放猪油烧至六成热，放入鸡汤、精盐、味精烧开调好味，用湿淀粉调稀勾成芡汁，放入玉翠鱼丸，倒入放有番茄和木耳的大碗中，淋鸡油即可。

操作要领

木耳需要提前泡发。

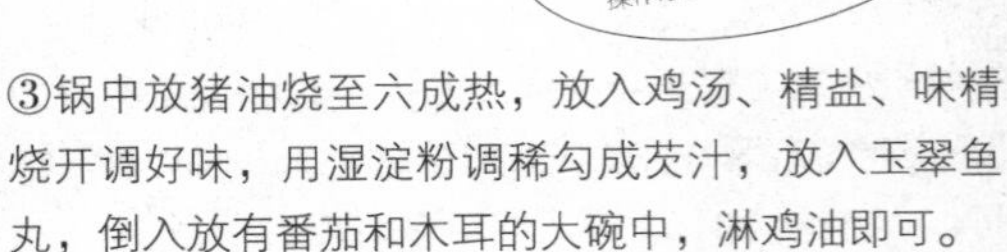

营养贴士

此菜具有抗衰老、暖胃和中、平肝祛风、治痹、截疟、益肠明目等功效。

视觉享受：★★★ 味觉享受：★★★ 操作难度：★

糖醋萝卜丝

TIME 10分钟

主料： 红心萝卜300克

配料： 白糖15克，白醋适量，鸡精、食盐、白芝麻各少许

操作步骤

①红心萝卜去皮，洗净后切成细丝。

②将切好的萝卜丝放在大碗中，加入白糖、白醋、鸡精、食盐腌15分钟，食用时撒上白芝麻拌匀装盘即可。

操作要领

切丝时，粗细可根据自己的喜好选择，粗一点的萝卜条也很有风味。另外，稍微加点食盐是为了能够提取萝卜的鲜味。

营养贴士

此菜具有促进体内脂肪分解、减肥美容的功效。

主料： 龟1只（250～500克）

配料： 菜油60克，黄酒20克，生姜片、花椒、香菜段、冰糖、酱油各适量

操作步骤

①将龟处理洗净，取肉切块。

②锅中加菜油，烧热后，放入龟肉块，反复翻炒，再加生姜片、花椒、冰糖，烹入酱油、黄酒，加适量清水，用文火煨炖，至龟肉熟烂，盛出用香菜段点缀即可。

操作要领

处理龟时，先将龟放入盆中，加热水（约40℃），使其排尽尿，然后再作其他处理。

营养贴士

红烧龟肉是药膳偏方菜谱之一，具有滋阴补血的功效，适用于阴虚或血虚患者所出现的低热、咯血、便血等症。

视觉享受：★★★ 味觉享受：★★★★ 操作难度：★

红烧龟肉

TIME 60分钟

粉蒸鳜鱼

TIME 35分钟

菜品特点

肉质鲜嫩
营养丰富

主料： 鳜鱼 1000 克，熟米粉 100 克

配料： 青皮竹筒 1 个，酱油、甜面酱各 50 克，豆瓣酱、料酒、白醋、辣椒油各 10 克，味精、白糖、姜茸、花椒粉、葱末、胡椒粉各少许，香菜段、五香桂皮、香油各适量

视觉享受：★★★★
味觉享受：★★★★
操作难度：★★

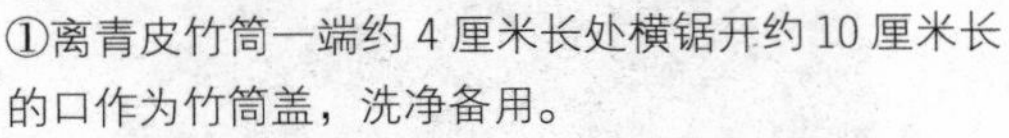

操作步骤

①离青皮竹筒一端约 4 厘米长处横锯开约 10 厘米长的口作为竹筒盖，洗净备用。

②将鳜鱼剖好，洗净，滤干水，切块，再入清水洗一次滤干水放入碗内。

③加入五香桂皮、熟米粉，下酱油、豆瓣酱、甜面酱、胡椒粉、花椒粉、白糖、白醋、料酒、味精、香油、辣椒油、葱末、姜茸与鳜鱼拌匀，淋入香油，与鳜鱼拌匀腌 5 分钟。

④将腌好的鳜鱼放入竹筒，盖上盖，用大火蒸 30 分钟后，从蒸笼内将竹筒鱼取出，放入碟内，用香菜点缀即可。

操作要领

竹筒可用带盖的蒸碗代替。

营养贴士

此菜具有补气血、益脾胃的滋补功效。

视觉享受：★★★★ 味觉享受：★★★★ 操作难度：★

酸菜炒鸡婆笋

TIME 20分钟

主料： 鸡婆笋200克，酸菜50克

配料： 蒜3瓣，食用油、辣椒粉、精盐、葱花各适量，香油、鸡精各少许

操作步骤

①鸡婆笋切碎；酸菜切碎；蒜瓣剁碎。

②坐锅烧热，放入鸡婆笋，撒少许精盐，煸炒干水汽，盛出。

③坐锅烧食用油，下蒜末煸香，下鸡婆笋煸炒，下酸菜、辣椒粉翻炒均匀，淋少许香油，撒鸡精、葱花即可。

操作要领

鸡婆笋的水汽一定要先炒干，吃起来才爽脆。

营养贴士

此菜营养丰富，有保持胃肠道正常生理功能的功效。

主料： 带皮五花肉400克

配料： 鸡蛋1个，干椒50克，面包糠30克，生粉、吉士粉各20克，植物油1000克（实耗30克），精盐、味精粉各4克，广东米酒10克，葱花5克，鸡精2克，香油2克

操作步骤

①五花肉烫毛，洗净，入水锅内煮至断生，切成5厘米长、3厘米宽、0.4厘米厚的片，放入盆内，加精盐、味精粉、鸡精、鸡蛋黄、吉士粉、广东米酒、生粉拌匀，裹上面包糠待用；干椒切段。

②净锅置旺火上，放入植物油，烧至六成热，下入五花肉炸至金黄色，倒出沥干油。

③锅内留底油，烧至五成热，下干椒段煸香，放入五花肉片，加精盐、味精粉炒匀，淋香油，撒葱花，装入竹篱内即可。

操作要领

五花肉煮至断生即可。

营养贴士

五花肉有补充皮肤养分、美容的效果。

视觉享受：★★★★ 味觉享受：★★★★ 操作难度：★★

竹篱飘香肉

TIME 35分钟

湘辣霸王肘

TIME 60分钟

菜品特点

色泽金红
软烂鲜香

主料： 猪肘1250克

配料： 鲜红椒碎10克，灯笼泡椒15克，糖色5克，油、八角、桂皮、草果、波扣、花椒、精盐、海鲜酱、白糖、排骨酱、花雕酒、干红椒碎、姜末、大葱末、鲜汤、葱花各适量

视觉享受：★★★★★
味觉享受：★★★★★
操作难度：★★★

操作步骤

①肘子用火烧去短毛，泡在热水中刮洗干净；放沸水中加糖色3克，煮至皮面松软，捞出沥干。

②锅内放油烧至九成热，将收干了热气但没有冷却的肘子皮朝下放入，炸至红色并起皱纹，放入开水中略煮2分钟。

③锅内放油，下大葱、姜、八角、桂皮、草果、波扣、花椒、海鲜酱、排骨酱、鲜红椒、干红椒、白糖炒香，倒入煮肘子的鲜汤约2000克；烧开后倒入底部放有竹篾垫的沙罐中，再放入肘子，另加花雕酒、糖色2克，加精盐调味，小火将肘子煨烂；扣在大盘中，将灯笼泡椒放入油锅内炒香后围边，撒葱花即可。

操作要领

炸好的肘子如果不用热水泡煮，虎皮效果出不来，皮是硬的，会蒸不烂。

营养贴士

猪肘有和血脉、润肌肤、填肾精、健腰脚的功效。

视觉享受：★★★★ 味觉享受：★★★★ 操作难度：★★

左将军鸡

TIME 40分钟

菜品特点：肉质嫩脆 金黄油亮

主料： 鸡腿 600 克

配料： 青尖椒、红尖椒各 15 克，鸡蛋清 40 克，生粉水 20 克，姜、蒜各 5 克，植物油 200 克（实用 50 克），酱油、醋各 10 克，味精 1 克，香油适量

操作步骤

①鸡腿去骨后摊开，切浅斜刀纹后，再切成 2 厘米见方的块，加鸡蛋清、酱油拌匀；青尖椒、红尖椒去籽，切成片；蒜、姜切末。

②锅中放植物油烧热，放入鸡块炸熟，捞出沥干。

③锅中留油 20 克烧热，放青尖椒、红尖椒炒，再放鸡块，加味精、酱油、醋、蒜末、姜末拌炒均匀，最后用生粉水勾芡，淋入香油即可。

操作要领

因有油炸过程，需准备植物油 200 克。

营养贴士

鸡肉蛋白质的含量比例较高，而且很容易被人体吸收利用，有增强体力、强壮身体的功效。

视觉享受：★★★ 味觉享受：★★★ 操作难度：★

鸡汁白菜

TIME 15分钟

菜品特点：制作简单 营养丰富

主料： 娃娃菜 500 克

配料： 鸡汤、精盐、味精各适量

操作步骤

①将娃娃菜切成段，焯水。

②鸡汤倒入砂锅，用精盐、味精调味，放入娃娃菜略煮即可。

操作要领

娃娃菜焯水不宜过烂。

营养贴士

此菜具有养胃生津、除烦解渴、利尿通便、清热解毒等功效。

原蒸五元羊肉

主料： 带皮羊肋条肉1000克

配料： 荔枝、桂圆、红枣各10克，干辣椒10克，莲子30克，葱、姜各15克，枸杞、桂皮各10克，料酒15克，猪油（炼制）60克，大曲酒30克，精盐5克，味精1克，胡椒粉2克，大蒜25克，蜂蜜50克，清汤500克，鸡油适量，青豌豆少许

视觉享受：★★★★
味觉享受：★★★★
操作难度：★★

操作步骤

①葱和姜拍破；大蒜剥去皮；红枣洗净；荔枝剥去壳洗净。

②将带皮羊肋条肉骨剔去，烙去残存的毛，用温水浸泡并刮洗干净，下入冷水锅中煮过捞出，用清水洗净血沫，放入垫有粗竹席的砂锅内；加葱、姜、大曲酒、桂皮、干辣椒、水（水以没过羊肉为准），盖上盖，旺火烧开，撇去浮沫，转小火煨到八成烂取出，稍凉，切成4厘米长、3厘米宽的块；下入猪油锅中煸出香味，烹料酒，装入汤盅内；放入荔枝、桂圆、红枣、莲子、枸杞、青豌豆、大蒜、蜂蜜、胡椒粉、精盐、味精、清汤500克和原汤，上笼蒸至酥烂、浓香取出，放鸡油即成。

操作要领

红枣也可以洗净，上笼蒸发剥去皮。

营养贴士

羊肉营养价值高，凡肾阳不足、腰膝酸软、腹中冷痛、虚劳不足者皆可用它作为食疗品。

视觉享受：★★★★ 味觉享受：★★★★ 操作难度：★

湘味炒蛋

TIME 20分钟

菜品特点：制作简单 口感良好

主料： 鲜鸡蛋 2 个，咸鸭蛋 1 个

配料： 青椒、红椒各 1 个，蒜、姜、葱各少许，精盐、鸡精、油各适量

操作步骤

①青椒、红椒洗净剁碎，葱、姜、蒜切碎；鲜鸡蛋和咸鸭蛋敲开，分开黄色和白色的分别搅拌均匀。

②冷锅热油，分两种颜色的蛋炒熟，盛盘备用。

③葱、姜、蒜爆香，放入青椒、红椒，加精盐、鸡精调味，放入炒好的蛋，拌匀出锅盛盘即可。

操作要领

鸡蛋要冷锅热油炒。

营养贴士

此菜具有滋阴润燥、养心安神、养血安胎、延年益寿等功效。

主料： 花菜 1 棵，带皮五花肉 150 克

配料： 孜然 15 克，清汤 15 克，干红辣椒、蒜瓣、精盐、鸡精、酱油、淀粉、油各适量

操作步骤

①花菜掰成小朵；红干椒切段；蒜瓣拍扁；五花肉切厚片，加少许精盐、酱油、淀粉使劲抓匀备用。

②坐锅放油烧热，下五花肉片滑散盛出，余油下蒜瓣和干红辣椒段，小火慢慢煸香，转大火，下花菜爆炒，加精盐调味，拌入肉片，加 15 克清汤煨几分钟，淋酱油，撒孜然和鸡精即可。

操作要领

油要多放些，用滑过肉的油炒花菜会更香。

营养贴士

此菜具有补肾养血、滋阴润燥、健脑壮骨、补脾和胃等功效。

视觉享受：★★★ 味觉享受：★★★★ 操作难度：★

香辣大盘花菜

TIME 25分钟

菜品特点：香辣可口 营养健康

干锅黄辣丁

TIME 35分钟

菜品特点
肉质鲜嫩
口味微辣

主料： 黄辣丁 1000 克

配料： 植物油 1000 克（实用 100 克），精盐、味精各 2 克，胡椒粉、鸡精粉各 1 克，姜、豆瓣酱、红油各 10 克，紫苏叶 5 克，料酒 20 克，红尖椒、干椒、蒜子各 30 克，鲜汤 500 克，白醋适量

视觉享受：★★★
味觉享受：★★★★
操作难度：★★

操作步骤

①黄辣丁去内脏，洗净血水；红尖椒切 1 厘米长的筒形；蒜子去蒂；干椒切段；姜切片。

②锅置旺火上，加植物油烧至六成热，下入黄辣丁、蒜子炸一下，倒入漏勺沥油。

③锅内留底油，下姜片、干椒、豆瓣酱炒香，再放入黄辣丁、蒜子，烹入白醋、料酒，注入鲜汤，旺火烧开，撇去浮沫，加精盐、味精、鸡精粉，待黄辣丁入味时，旺火收浓汤汁，放入紫苏叶和红尖椒段，淋红油，出锅装入干锅内，撒上胡椒粉即可。

操作要领

因有油炸过程，需准备植物油 1000 克。

营养贴士

黄辣丁味甘、性平，有益脾胃、利尿消肿等功效。

湖北菜

千张肉

TIME 5小时

菜品特点

味道鲜美 营养丰富

主料： 新鲜猪五花肋条肉500克

配料： 芝麻油100克（实耗50克），金酱（用红糖炒制的酱）150克，精盐1克，葱段5克，酱油25克，花椒6粒，豆豉75克，姜片25克，腐乳汁适量

操作步骤

①猪五花肉放锅内，加清水置旺火上煮30分钟，捞出用金酱涂匀猪皮。

②锅置旺火上，加芝麻油，烧至五成热，放入涂有金酱的肉块，炸至金黄色时捞出晾凉，切成4.5厘米长的薄肉片。

③取大碗一只，放入花椒、葱段、姜片垫底，再将肉片整齐放入碗内，将酱油、腐乳汁倒在肉块上，再加豆豉、精盐，连碗上笼用旺火蒸4小时，取出晾凉，临吃时再入笼蒸透，取出翻扣入盘，去掉花椒、葱段、姜片即可。

操作要领

切肉片时要注意厚薄均匀。

营养贴士

五花肉味甘、咸，性平，有补肾养血、滋阴润燥等功效。

视觉享受：★★★★ 味觉享受：★★★★ 操作难度：★★

酥辣粉蒸肉

TIME 30分钟

菜品特点：造型独特 辣香浓郁

主料： 五花肉400克

配料： 川味蒸肉粉200克，干辣椒段150克，鸡精、醪糟、刀口辣椒各10克，红油豆瓣、二汤各50克，芝麻3克，香油5克，色拉油500克（实耗15克），花椒、红油、姜末、葱末各适量

操作步骤

①把五花肉切5厘米长、2.5厘米宽、0.2厘米厚的薄片，加入川味蒸肉粉、红油豆瓣、二汤、鸡精、醪糟拌匀，平铺入笼中蒸熟，拿出晾凉，一片片卷上备用。

②锅置火上，放入色拉油烧至四成热，放入粉蒸肉卷，炸至外酥内嫩、表面呈金黄色，起锅沥油。

③锅置火上，放入红油，下花椒、干辣椒段、姜末、葱末煸出香味，下粉蒸肉卷、刀口辣椒炒匀，淋香油，撒芝麻即可出锅。

操作要领

炸时要炸至外酥内嫩；炒辣椒时要炒出辣椒的香味。

营养贴士

猪肉具有补肾养血、滋阴润燥等功效。

主料： 肥膘肉750克

配料： 鸡蛋3个，火腿2根，黄花菜15克，红枣、清汤、精盐、味精、胡椒粉、料酒、姜末、葱末、淀粉、色拉油各适量

操作步骤

①猪肉去皮，切成3厘米长、1.5厘米厚的片，加精盐、料酒、姜末略腌；2个鸡蛋煮熟；火腿切块。

②1个鸡蛋打散，加适量水、淀粉拌匀，将猪肉片放入拌匀裹浆。

③锅中放油，烧至六七成热，放入猪肉片炸至外酥内软、表面金黄关火待用。

④砂锅中放清汤烧开，放入猪肉、红枣、熟鸡蛋煨20分钟，至肉熟后放入火腿、黄花菜，加葱末、胡椒粉、味精调味，烧开即可。

操作要领

猪肉片要逐一放入锅中炸。

营养贴士

肥膘肉中含有多种脂肪酸，能提供极高的热量，且含有蛋白质、B族维生素、维生素E、维生素A、钙、铁、磷、硒等营养元素。

视觉享受：★★★★ 味觉享受：★★★★★ 操作难度：★★★

应山滑肉

TIME 40分钟

菜品特点：软烂醇香 肥而不腻

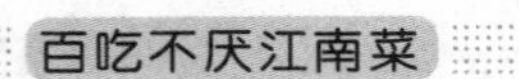

珍珠丸子

主料： 猪肉300克，糯米150克

配料： 料酒、生抽各15克，精盐5克，姜、葱、淀粉各适量

操作步骤

①糯米洗净，放入水中浸泡4小时，沥干备用；猪肉洗净剁成肉末；葱、姜切末。

②猪肉末和葱末、姜末放入碗内，加料酒、精盐、淀粉、生抽搅拌均匀成馅，把肉馅挤成大小合适的丸子。

③每个肉丸子上滚上一层糯米，然后放蒸屉上，把蒸笼放在沸水锅上，大火蒸20分钟即可。

操作要领

肉馅中可以加入自己喜欢的蔬菜。

营养贴士

本品具有补虚强身、滋阴润燥、丰肌泽肤、补中益气、健脾养胃、止虚汗等功效。

视觉享受：★★★★　味觉享受：★★★★　操作难度：★

元宝肉

主料： 鹌鹑蛋8个，五花肉500克

配料： 油、白糖、葱丝、姜末、酱油、八角、料酒、精盐各适量

操作步骤

①把鹌鹑蛋放入开水中煮3分钟，捞出放入冷水中浸片刻，剥壳备用；五花肉切块备用。

②炒锅置旺火上，放油烧至七成热，放肉块，待肉起焦皮，放白糖，炒出糖色；放葱丝、姜末、八角、酱油、料酒炒均匀，放入盛有温开水的砂锅中，开锅后放入鹌鹑蛋炖30分钟左右；起锅前放精盐调味即可。

操作要领

五花肉要切得小一些，这样容易入味。

营养贴士

此菜具有补益气血、强身健脑、丰肌泽肤、解热等功效。

视觉享受：★★★★　味觉享受：★★★★　操作难度：★★

清蒸武昌鱼

主料： 武昌鱼1条（约600克）

配料： 香葱1棵，姜1小块，青辣椒、红辣椒各10克，食用油、鸡油、高汤、料酒、胡椒粉、精盐、味精各适量

操作步骤

①部分葱白、青辣椒、红辣椒切丝，剩余葱切段，姜切片；鱼宰杀洗净沥干，在鱼体划两刀，抹少许精盐，放在抹过食用油的盘子上。

②把葱段、姜片放在鱼体上，再倒入料酒，把盘放在蒸锅上大火蒸15分钟，取出，拣去葱段、姜片。

③炒锅置于大火上，加食用油烧至七成热，倒入蒸鱼的汤汁和高汤烧开，加入精盐、味精，淋入鸡油后浇在鱼上，最后撒上胡椒粉、葱白丝、青辣椒丝、红辣椒丝即可。

操作要领

在鱼身上划刀是为了让鱼更好入味。

营养贴士

武昌鱼具有补虚、益脾、养血、祛风、健胃的功效。

清炖甲鱼

主料： 活甲鱼1只（约1000克）

配料： 鸡腿2个，火腿25克，香菇20克，葱15克，冬笋5克，姜10克，精炼油25克，鸡清汤500克，精盐、胡椒粉、湿淀粉、醋、绍酒各适量

操作步骤

①甲鱼宰杀处理干净，肉剁块，用少许精盐和湿淀粉拌匀上浆；火腿、冬笋切片；葱切花，姜切片；香菇洗净，入沸水焯熟。

②炒锅置旺火上，放入精炼油，烧至八成热，放入浆好的甲鱼，炸至两面硬结时捞出，将姜片放入汤碗中，放入甲鱼、火腿、鸡腿、香菇、冬笋，加鸡清汤500克、精盐、醋、绍酒。

③盖上盖，上笼屉蒸烂取出，去掉冬笋、姜片、鸡腿、香菇和火腿，撒上胡椒粉、葱花即成。

操作要领

甲鱼剁块前后都要认真清洗，尤其是血污要清洗干净，以免制作时颜色发暗。

营养贴士

甲鱼有较好的净血作用，常食者可降低血胆固醇，对高血压、冠心病患者有益。

视觉享受：★★★★ 味觉享受：★★★★ 操作难度：★

莲藕排骨汤

TIME 2小时

主料： 莲藕250克，排骨500克

配料： 山药粉、红枣、精盐、姜片各适量

操作步骤

①排骨洗净，入锅焯血水，捞出备用；莲藕洗净切块待用。

②起锅烧开水，将排骨、姜片入锅，待排骨六成熟时加入莲藕和红枣，大火烧开后转小火慢煲，待莲藕熟后加入少量山药粉，煮开加精盐调味即可。

操作要领

莲藕不好熟，所以要早一点入锅。

营养贴士

此菜有补益气血、增强人体免疫力等功效。

主料： 碱水面500克，辣萝卜50克

配料： 香油、芝麻酱、酱油、精盐、葱花各适量

操作步骤

①把辣萝卜切成丁；用香油把芝麻酱调成糊状，加入适量的酱油和精盐，拌匀。

②把面条抖散，放入沸水锅中，煮到八成熟时捞出，沥干水分，放于碗中，淋上香油，用电风扇快速吹凉。

③吃时把面条放在热水中迅速烫一下，沥干，放入碗中，把调好的芝麻酱、萝卜丁加在面条上，撒上葱花即可。

操作要领

面条煮过后要用筷子挑散，并淋上香油快速吹凉，防止粘连。

营养贴士

热干面富含碳水化合物，具有解毒、增强肠道功能等功效。

视觉享受：★★★ 味觉享受：★★★★ 操作难度：★★

武汉热干面

TIME 25分钟

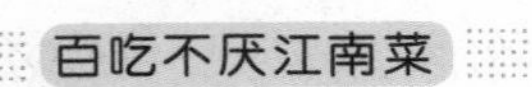

杭椒鳝片

TIME ·45 分钟

菜品特点
味道鲜美
营养丰富

主料： 鳝鱼 400 克，青杭椒、红杭椒共 150 克

配料： 彩椒 100 克，姜丝、蒜茸各少许，植物油、精盐、蚝油、料酒、味精、白胡椒粉、汤、香油、粉丝各适量

视觉享受：★★★★
味觉享受：★★★★★
操作难度：★★★

操作步骤

①鳝鱼剖腹去内脏，用力从背上平拍成鳝条，用刀平推褪去鳝骨，再剁成约 3 厘米长的片，放在碗内，加入料酒、精盐、味精抓匀；青杭椒、红杭椒洗净切段；彩椒洗净切条。

②锅置火上，放植物油烧至四成热，投入鳝片，爆至卷缩起锅，捞出沥油待用。

③炒锅置火上，放适量植物油，放姜丝、蒜茸煸炒出味，投入蚝油炒透，加汤煮沸，下入青杭椒段、红杭椒段、彩椒条烧沸；用汤汁将垫底粉丝略汆捞出放在阔边汤碗中；再将过油的鳝片倒入汤中略煮，起锅装在碗中，撒上白胡椒粉，淋上香油即可。

操作要领

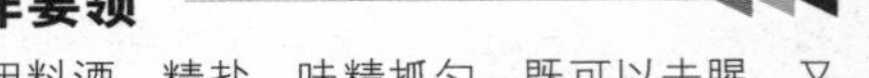

鳝鱼片用料酒、精盐、味精抓匀，既可以去腥，又可以增加鳝鱼的口感。

营养贴士

鳝鱼有清热解毒、凉血止痛、祛风消肿、润肠止血等功效。

广东菜

玻璃酥肉

菜品特点
鲜嫩酥脆
汤汁洁白

主料： 猪嫩瘦肉400克

配料： 冬菇、冬笋、肉膘各25克，面粉100克，鸡蛋黄1个，番茄、黄瓜、葱、精盐、味精、料酒、花生油、清汤、湿淀粉各适量

视觉享受：★★★★
味觉享受：★★★★
操作难度：★★

操作步骤

①将猪肉切成大薄片，放在盘中摊平；将冬菇、肉膘、冬笋、葱切成末，放入碗中，加面粉、鸡蛋黄搅成糊，涂在肉片上；番茄洗净切小块；黄瓜洗净切片。

②另置一锅，加花生油，烧至七成热，逐片放入肉片，炸至金黄色捞出，沥干油后切成小块。

③净锅加少许清汤、精盐、味精，用湿淀粉勾芡，烧开后盛入汤盘中，上面放酥肉片、番茄、黄瓜即成。

操作要领

可以根据喜好，将番茄换成其他蔬菜。

营养贴士

猪瘦肉含有丰富的B族维生素，有调节新陈代谢、维持皮肤和肌肉的健康、增强免疫系统和神经系统的功能、促进细胞生长和分裂、预防贫血发生等功效。

视觉享受：★★★★ 味觉享受：★★★★ 操作难度：★

番茄柠檬炖鲫鱼

TIME 30分钟

菜品特点：开胃健脾 鲜香适口

主料： 鲫鱼400克，番茄、柠檬片各适量

配料： 油菜、精盐、胡椒粉、油、料酒各适量

操作步骤

①鲫鱼去鳞、内脏和鱼肚子里的黑膜，清洗干净，切块，加精盐、柠檬片腌渍片刻；番茄洗净切块；油菜洗净备用。

②锅置火上，倒油烧热，下入鲫鱼块煎至两面上色，然后添入热水，煮沸后撇去浮沫，加入番茄、柠檬片、油菜，大火煮约6分钟，最后加精盐、料酒、胡椒粉调味即成。

操作要领

鲫鱼剖开洗净，在牛奶中泡一会儿既可除腥，又能增加鲜味。

营养贴士

鲫鱼具有增强抗病能力、通乳汁、明目益智等功效。

主料： 鸡肉1000克

配料： 大葱20克，花椒10克，精盐10克，香油8克，味精2克，姜片5克，酱油适量

操作步骤

①鸡肉洗净放入锅内，锅内加水、姜片、葱白，煮至鸡刚熟时捞起晾凉，剁成长约4厘米、宽1厘米的条块，盛于碗内。

②将花椒、葱叶、精盐放在菜板上，加几滴香油，剁细，盛于碗内，加酱油、味精、香油，调成椒麻汁，淋在鸡块上，拌匀上碟即可。

操作要领

椒麻汁如果咸，可加少许冷汤。

营养贴士

鸡肉对营养不良、畏寒怕冷、乏力疲劳、月经不调、贫血、虚弱等有很好的食疗作用。

视觉享受：★★★★ 味觉享受：★★★★ 操作难度：★

椒麻鸡块

TIME 40分钟

菜品特点：制作简单 营养美味

豉汁蒸凤爪

TIME 90分钟

菜品特点
松软可口
味道极佳

主料： 鸡爪8只，黑豆豉20克

配料： 精盐2克，白糖、干淀粉各10克，蒜茸25克，生姜3片，香油5克，生抽30克，料酒20克，白胡椒粉少许，红椒段、食用油各适量

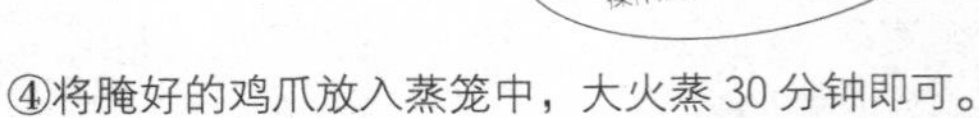

操作步骤

①鸡爪洗净，剁去爪尖，与姜片一同放入开水锅中氽煮3分钟，取出后充分沥干水分。

②锅中倒入食用油，中火烧至八成热，放入鸡爪，转小火炸至表皮金黄，捞出沥干油，放入冷水中浸泡10分钟。

③取一容器，放入精盐、白糖、香油、白胡椒粉、黑豆豉、蒜茸、红椒段、生抽、干淀粉和料酒混合均匀，放入浸泡过的鸡爪，腌渍30分钟。

④将腌好的鸡爪放入蒸笼中，大火蒸30分钟即可。

操作要领

在炸制鸡爪前，一定要将鸡爪充分晾干或擦干，否则会有油星外溅的危险。

营养贴士

鸡爪富含胶质，可以保持皮肤的滋润，有养颜的功效。

视觉享受：★★★★ 味觉享受：★★★★ 操作难度：★★

大荤野鸡红

TIME 40分钟

菜品特点：色泽鲜艳 营养美味

主料： 猪瘦肉200克

配料： 芹菜、胡萝卜各100克，青蒜50克，酱油15克，精盐10克，料酒、醋各10克，味精3克，豆瓣、湿淀粉各8克，花生油30克，清汤少许

操作步骤

①猪肉切成6.6厘米长的粗丝，用料酒、精盐腌30分钟，加湿淀粉拌匀；芹菜、青蒜择洗干净，切成5厘米长的段，胡萝卜去皮，切成5厘米长的粗丝，分别用少许精盐腌一下；碗内放入酱油、味精、醋、清汤、湿淀粉，调成芡汁。

②锅内放花生油烧至六成热，下肉丝炒散，放豆瓣炒熟，放入胡萝卜丝、青蒜段稍炒，加芹菜段炒匀，然后倒入调好的芡汁翻炒均匀即可。

操作要领

猪肉丝用湿淀粉拌匀时，宜稀不宜干。

营养贴士

此菜具有补虚强身、滋阴润燥、丰肌泽肤、镇静安神、利尿消肿、平肝降压等功效。

主料： 红杉咸鱼（实肉咸鱼）1条

配料： 生姜、干辣椒、醋、油各适量，生抽少许

操作步骤

①咸鱼切段，用清水浸泡20分钟；生姜、干辣椒切丝。

②锅烧热后倒入油，晃下锅，放入鱼肉，用中火煎，用筷子翻动，煎至两面泛黄时，放入姜丝、干辣椒丝，煎出香味，加入适量醋、少许生抽即可。

操作要领

咸鱼用清水浸泡是为了让其回软，因咸鱼很咸，可根据个人口味，延长或缩短浸泡的时间。

营养贴士

把鱼制成咸鱼，对营养成分的影响不大，包含有人体所需的各种必需氨基酸。

视觉享受：★★★★ 味觉享受：★★★★ 操作难度：★

香煎咸鱼

TIME 20分钟

菜品特点：咸鲜适口 制作简便

竹网烧汁白鳝

TIME 20分钟

菜品特点

味香肉滑 造型奇特

主料： 白鳝500克

配料： 葱白、日式烧汁、鸡粉、糖、味精、精盐、胡椒粉、老抽、香油、植物油各适量

操作步骤

①将白鳝宰杀洗净，剔出鱼刺，切成寸段；葱白切片。

②将日式烧汁、鸡粉、味精、糖、老抽、精盐、胡椒粉、香油兑成调料，腌渍鳝肉，用葱白片和竹网包好，将包好的鳝段放入烧热的植物油中炸熟，装盘即成。

操作要领

白鳝的鱼刺较多，剔鱼刺的时候一定要仔细。

营养贴士

白鳝的肉味甘、性平，有滋补强壮、祛风杀虫的功效。

香煎茄片

主料： 长茄子适量

配料： 海米粒、青椒粒、红椒粒、青蒜段、葱末、姜末、蒜末、鸡蛋黄、精盐、胡椒粉、白糖、生抽、鸡精、淀粉、高汤、食用油各适量

操作步骤

①长茄子洗净，切成厚片，再剞十字花刀，用精盐腌入味，拍上干淀粉，裹上蛋黄液。

②锅置火上，放油烧至四成热，放入茄子片炸至金黄色时捞出。

③锅内留余油烧热，放入姜末、葱末、蒜末，炒出香味，倒入茄子片，放入青椒粒、红椒粒、海米粒、高汤、精盐、胡椒粉、生抽、白糖、鸡精，烧至茄子软透入味，用水淀粉（淀粉加水调制）勾芡，放入青蒜段炒匀出锅即可。

操作要领

茄子外面有糊隔着，并不很吸油，很薄的油就可以煎好。

营养贴士

本品具有清热、活血、消肿、润燥、增强免疫力、护眼明目等功效。

主料： 猪肚100克，潮汕咸菜50克

配料： 红椒、青椒各少许，植物油、白胡椒各适量

操作步骤

①猪肚放入锅中焯一下，撇去浮沫，捞出洗净；红椒、青椒洗净切片；潮汕咸菜切片。

②猪肚中塞入压碎的白胡椒，放入锅中焖煮，然后捞出切片。

③锅置火上，倒植物油烧热，下红椒、青椒翻炒，炒至变软后倒入煮猪肚的汤，以大火煮沸，加入猪肚、潮汕咸菜，煮熟即可。

操作要领

焖煮猪肚不宜煮得太烂，以能插入筷子为宜。

营养贴士

猪肚含有蛋白质、脂肪、碳水化合物、维生素及钙、磷、铁等，具有补虚损、健脾胃的功效，适用于气血虚损、身体瘦弱者食用。

潮汕煮猪肚

酸菜炖猪肚

TIME 60分钟

菜品特点
肥润爽口
营养丰富

主料： 猪肚100克，酸菜50克

配料： 红灯笼椒1个，香菜1根，植物油、料酒、姜片、精盐、味精、胡椒粉各适量

视觉享受：★★★★
味觉享受：★★★★
操作难度：★★

操作步骤

①猪肚处理干净后切块；酸菜洗净，沥干水分，切丝备用；红灯笼椒洗净；香菜洗净，切段备用。

②锅置火上，倒入植物油，烧至五成热时下姜片炒香，烹入料酒，放入清水煮沸，然后拣出姜片，把汤汁移至汤锅，放入猪肚，煮沸后撇去浮沫。

③猪肚煮至八成熟时加入酸菜丝、红灯笼椒，用中火炖煮，最后加入精盐、味精、胡椒粉略煮，放上香菜装饰即成。

操作要领

猪肚可以用粗盐和白醋反复搓洗至表面无黏液即可。

营养贴士

此菜具有治虚劳羸弱、泄泻、下痢、消渴、小便频数、小儿疳积的功效。

视觉享受：★★★★ 味觉享受：★★★★ 操作难度：★

白切鸡

TIME 40分钟

主料： 嫩公鸡1000克

配料： 精盐5克，花生油6克，红辣椒圈、香菜各少许

操作步骤

①红辣椒切圈；鸡洗净，放在盐水中煮15分钟（中途取出两次，倒出腔中的水），取出，放在冷开水中浸泡冷却，去除绒毛、黄衣，随即捞起。

②将鸡的表皮晾干，抹上花生油，斩成小块，盛入盘中，摆成鸡形，摆上辣椒圈，撒上香菜叶装饰即可。

操作要领

浸鸡时，水多，时间短些；水少，则时间长些。

营养贴士

鸡肉对营养不良、畏寒怕冷等症有很好的食疗作用。

主料： 萝卜230克，春卷皮6张

配料： 生粉30克，大米粉50克，澄粉20克，油、精盐各适量，面粉、鸡精、胡椒粉各少许

操作步骤

①萝卜去皮擦成丝，加入水、生粉、澄粉、大米粉，再加入精盐、鸡精、胡椒粉调成厚糊状；取一个小碗加少许面粉、清水和成面浆备用。

②盘中抹油倒入萝卜糊抹平，入蒸锅大火蒸制15分钟，将蒸好的萝卜糕取出，放入保鲜袋中按压呈长方形入冰箱冷藏定型，取出切块。

③将萝卜糕分别包入春卷皮中，卷成长条封口抹上面浆，包成长方块状。

④锅中油烧至六成热，放入萝卜糕，小火慢炸至金黄，捞出沥油即可。

操作要领

包萝卜糕的时候，封口一定要用面浆粘紧，以免炸制的过程中开裂。

营养贴士

此糕具有清热生津、凉血止血、化痰止咳、利小便、解毒、益脾和胃、消食下气等功效。

视觉享受：★★★★ 味觉享受：★★★★ 操作难度：★★★

脆皮萝卜糕

TIME 40分钟

TIME 40分钟

菜品特点
汤纯味厚
肥嫩鲜美

主料： 鱼头500克

配料： 豆腐、高汤、大葱段、小葱花、生姜片、料酒、鸡精、食盐、胡椒粉、植物油各适量

视觉享受：★★★★
味觉享受：★★★★
操作难度：★

操作步骤

①锅内放油，下少许大葱段、生姜片爆香，鱼头剁开，放入锅中过油，点少许料酒，加足量高汤后大火烧开，将烧开后的汤汁和鱼头放入砂锅中，拣去大葱段。

②豆腐切块码在鱼头周围，中火炖开，改小火炖15分钟，加食盐、鸡精、胡椒粉调味，上桌前撒少许小葱花即可。

操作要领

豆腐最好选水豆腐，豆腥味没那么重，可以更好地保留鱼头的原味。

营养贴士

鱼头富含人体必需的卵磷脂和不饱和脂肪酸，对降低血脂、健脑及延缓衰老有益处。

视觉享受：★★★ 味觉享受：★★★★★ 操作难度：★★★

清蒸镶豆腐

TIME 30分钟

菜品特点：口味鲜嫩 肉香糜烂

主料： 猪肥瘦肉200克，豆腐400克

配料： 胡萝卜、马蹄、香菇、小白菜各50克，葱花、精盐、鸡精、胡椒粉、鲍鱼汁、酱油、香油各适量

操作步骤

①猪肉剁成泥；胡萝卜、香菇、马蹄、小白菜均切成碎丁。

②取一容器，将肉泥与所有碎丁放在一起，加入精盐、鸡精、胡椒粉，搅拌均匀成馅。

③将豆腐切成小方块，中间用小勺挖一个洞，把调好的馅放进洞内，上蒸锅蒸10分钟。

④出锅后，撒上葱花，浇上适量鲍鱼汁、酱油、香油即可。

操作要领

蒸制时间不要太长，以免影响外观及口感。

营养贴士

此菜具有益气、补虚等功效。

视觉享受：★★★★ 味觉享受：★★★★ 操作难度：★★

沙茶鱼头锅

TIME 60分钟

菜品特点：味道鲜美 营养丰富

主料： 鲢鱼头1个

配料： 葱1根，姜5片，红辣椒2个，沙茶酱15克，酒15克，食盐10克，油10克

操作步骤

①鲢鱼头洗净切大块，加少许食盐腌30分钟；葱切葱花；红辣椒洗净切小圈。

②锅中放油烧热，放姜片爆香，倒入鱼头块，煎至五分熟（两面略焦），放入沙茶酱，加清水没过鱼头，小火熬煮30分钟左右，起锅前加入酒、食盐，撒上红辣椒圈、葱花即可。

操作要领

鳃盖内的鳃片及其他杂质，一定要清除干净，才不会有腥味。

营养贴士

此菜具有排毒、降血脂、抗衰老、软化血管、润肠、补钙、消食、防癌等功效。

豉油皇鸡

TIME 30分钟

菜品特点

嫩滑鲜香
营养健康

主料： 童子鸡1250克

配料： 豆豉100克，冰糖30克，姜、葱末共50克，丁香、八角、桂皮各2克，黄酒15克，植物油30克，味精4克，精盐8克，干椒段、西葫芦、清汤、香油各适量

视觉享受：★★★★
味觉享受：★★★★
操作难度：★★

操作步骤

①将童子鸡宰杀，去毛，去内脏，洗净，稍晾干鸡身的水分，剁块；西葫芦洗净，去皮，切长条，过水焯熟码入盘中。

②烧锅放植物油，放姜末、葱末、干椒段爆香，下清汤、豆豉、冰糖、八角、丁香、桂皮、黄酒、味精、精盐和鸡，用文火煮，鸡熟后放在码有西葫芦条的盘中，淋上煮鸡的原汁和香油即可。

操作要领

煮鸡的过程中，要不时地用锅铲翻转鸡身，以使鸡皮均匀地呈现金黄色。

营养贴士

鸡的营养物质大部分为蛋白质和脂肪，吃多了会导致身体肥胖。

浙江菜

芙蓉西红柿

TIME 15分钟

菜品特点
红白相间
咸鲜素雅

主料: 西红柿 100 克，鸡蛋 3 个

配料: 洋葱 10 克，核桃仁 50 克，食用油 30 克，料酒 10 克，精盐、白糖各 5 克，味精 3 克，葱花适量

视觉享受：★★★★
味觉享受：★★★★
操作难度：★

操作步骤

①西红柿用开水烫去表皮，切成丁；鸡蛋取蛋清，加入精盐、料酒搅拌均匀；洋葱切末。

②锅中放油，烧至四成热，倒入洋葱末炒出香味，放入鸡蛋液炒散，加入西红柿丁、白糖、味精、精盐翻炒均匀，撒入核桃仁炒匀，撒上葱花即可。

操作要领

加洋葱可起到增加香味的作用。

营养贴士

西红柿具有生津止渴、健胃消食、清热解毒、凉血平肝、补血养血、增进食欲的功效。

视觉享受：★★★★ 味觉享受：★★★★ 操作难度：★★

麒麟桂鱼

TIME 35分钟

菜品特点

鲜香嫩滑 清淡爽口

主料： 桂鱼1条

配料： 胡萝卜、黄瓜各1根，味精、精盐、姜片、葱段、白酱油、水生粉、麻油、胡椒粉、生油各适量

操作步骤

①桂鱼洗净，斩头，内脑骨略劈，下颌扒开；黄瓜、胡萝卜洗净，切片。

②在尾鳍部长约6厘米的地方斜角切开，使鱼尾断处有翘势，剐下两侧鱼肉，用斜刀片成约2.5厘米宽的薄块，背鳍骨装在盘子中央。

③把薄鱼块排放在鱼背鳍骨的两侧，安上鱼头、鱼尾，将味精、精盐、白酱油搅匀，淋在鱼身上，加入姜片、葱段，上笼蒸10分钟即熟；取出，拣出葱、姜，滗汁，用水生粉勾芡，加生油、麻油、胡椒粉搅匀；食用时浇在鱼面上，周围用胡萝卜片、黄瓜片装饰即可。

操作要领

桂鱼略劈内脑骨是为了使下颌松动，方便鱼平衡竖放。

营养贴士

桂鱼可治虚劳体弱、肠风下血等症。

主料： 鲜油菜500克

配料： 精盐、油、姜、葱、干红辣椒各适量

操作步骤

①将油菜去根，洗净，直刀切成8厘米长的抹刀片；葱切丝，姜切末。

②将油菜放在开水锅中焯熟，捞出控干，拌上精盐盛盘，撒上葱丝、姜末。

③炒锅置火上，放油，放干红辣椒略炒，连油一起淋在油菜上即可。

操作要领

应选用新鲜、油亮、无虫、无黄叶的嫩油菜。

营养贴士

油菜具有润滑胃部、利大小便的功效。

视觉享受：★★★★ 味觉享受：★★★★ 操作难度：★★

炝油菜

TIME 10分钟

菜品特点

鲜绿脆嫩 宜佐面饭

西湖鱼肚羹

主料： 水发鱼肚400克，洋葱、香菇、虾仁各适量

配料： 生抽、黄酒、精盐、味精、鸡精、香油、高汤、水淀粉、蛋清、色拉油各适量

操作步骤

①水发鱼肚洗净，切粒，焯水；香菇泡发洗净，切粒；虾仁、洋葱切粒。

②香菇、洋葱一起放入色拉油锅中煸炒起香，加高汤烧开，加生抽、黄酒、精盐、味精、鸡精、香油调味，放入鱼肚、虾仁，用水淀粉勾芡，打入蛋清即可。

操作要领

香菇需要提前泡发。

营养贴士

此羹具有滋养筋脉、止血、散瘀、消肿、延缓衰老、抗癌防癌、降血压、降血脂、降胆固醇等功效。

视觉享受：★★★★ 味觉享受：★★★★ 操作难度：★

炒茄丝

TIME 15分钟

菜品特点：酸甜口味 美味可口

主料： 嫩茄子1个

配料： 胡萝卜少许，小葱、蒜、精盐、味精、花生油、料酒各适量

操作步骤

①小葱切段；蒜用刀拍碎；茄子洗净、去皮，切成粗丝；胡萝卜洗净切丝。

②炒锅置火上，放花生油烧热，下蒜爆香，下茄丝翻炒，加胡萝卜丝翻炒，加料酒、精盐、味精翻炒至茄子变软入味，撒上葱段即可。

操作要领

嫩茄子手握有黏滞感，发硬的茄子是老茄子。

营养贴士

茄子含维生素E，有止血和抗衰老的功效。

主料： 中等生蚝600克

配料： 鸡蛋、小西红柿各1个，荷兰芹叶少许，淀粉、面包糠、精盐、粟粉、酒、油各适量

操作步骤

①生蚝洗净去壳，用精盐、粟粉拌匀，稍腌，捞出冲洗干净，放开水中焯至变色，捞出沥干；鸡蛋打散，加酒搅拌均匀。

②锅置火上，放油，用中火加热，将生蚝依次裹上淀粉、鸡蛋液、面包糠，放入锅中炸至金黄色，捞出沥干，放在蚝壳里上碟，用小西红柿、荷兰芹叶装饰即可。

操作要领

购买生蚝时，应选择外壳完全封闭的生蚝。

营养贴士

此菜具有提高机体免疫力等功效。

视觉享受：★★★★ 味觉享受：★★★★ 操作难度：★

吉列生蚝

TIME 35分钟

菜品特点：香脆可口 颜色悦目

鲜蘑蒸鸡

主料： 鸡1只（约1000克），鲜蘑50克

配料： 绍酒5克，糖3克，黄花菜、水淀粉、葱段、姜块、精盐、油各适量

操作步骤

①鸡处理后洗净，剁成块，用精盐、糖和绍酒腌一段时间，加入水淀粉和少许油拌匀，盛入碗中。

②鲜蘑洗净，切成厚片，放在鸡块上，铺上葱段、姜块，放上黄花菜，入蒸锅旺火蒸30分钟即可。

操作要领

鸡肉用精盐、糖和绍酒腌一段时间，可以去掉腥味。

营养贴士

此菜具有提高机体免疫力、镇痛、镇静、通便排毒、降血压、温中补脾、益气养血、补肾益精等功效。

视觉享受：★★★★ 味觉享受：★★★★ 操作难度：★★

龙井虾仁

TIME 35分钟

主料： 活大河虾1000克

配料： 鸡蛋1个，龙井新茶1.5克，青豆若干，荷兰芹叶少许，绍酒、精盐、味精、淀粉、熟猪油各适量

操作步骤

①虾去壳，清洗至虾仁雪白，沥水，放入碗中，加精盐、味精、蛋清，用筷子搅拌至有黏性，放淀粉上浆。

②茶叶用沸水50克泡开（不要加盖），静置1分钟，滤出40克茶汁，剩下的茶叶和汁待用。

③炒锅置火上，下熟猪油烧至五成热，放入虾仁略炒，倒入漏勺沥油。

④锅内留油，放入虾仁，迅速倒入茶叶和茶汁，烹绍酒，加精盐、味精、青豆翻炒均匀，盛盘，用荷兰芹叶装饰即可。

操作要领

虾壳剥好有技巧，先从头部二三节开始剥，剥完虾尾剥虾头，就很容易把壳剥下来了。

营养贴士

绿茶含多种维生素，有软化血管、降低胆固醇的功效。

主料： 兔腿肉400克

配料： 精盐、味精、腐乳卤、胡椒粉、汾酒、葱段、姜丝、荷兰芹叶各适量

操作步骤

①将兔腿肉去骨洗净，肉向两边片薄，拍平，然后加腐乳卤、汾酒、胡椒粉、味精和精盐，腌渍15分钟。

②在兔肉的一端放上葱段、姜丝，卷成兔腿形，用细铁丝将兔腿捆住，用铁钩钩挂，放在烤炉内，烘烤约30分钟即熟。

③将烤熟的兔腿拆去铁丝后，横切成片，摆放在盘中，以荷兰芹叶点缀即成。

操作要领

选择兔肉是有技巧的：肉色红润，脂肪呈黄色，表皮微干不粘手。

营养贴士

兔肉具有补中益气、凉血解毒等功效。

视觉享受：★★★★ 味觉享受：★★★★ 操作难度：★★

烤兔肉

TIME 50分钟

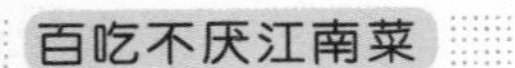

椒麻鱿鱼花

主料： 鲜鱿鱼肉 480 克

配料： 花椒粒 5 克，姜茸 10 克，青葱茸 30 克，糖 3 克，醋、麻油各 5 克，生抽 30 克，植物油、面粉、精盐、胡椒粉各适量

视觉享受：★★★★
味觉享受：★★★★
操作难度：★

操作步骤

①花椒粒捣成粉状，放入姜茸、青葱茸、糖、醋、麻油、生抽，兑入少许开水，调成椒麻汁。

②鲜鱿鱼肉洗净抹干，切十字花纹再切小件，撒上面粉、精盐、胡椒粉拌匀；烧热植物油，将拌好的鱿鱼肉下锅炸两遍，摆入盘中，淋上椒麻汁即可。

操作要领

鱿鱼要均匀裹满面粉。

营养贴士

鱿鱼有滋阴养胃、补虚润肤等功效。

视觉享受：★★★★ 味觉享受：★★★★ 操作难度：★★

砂锅山海

TIME 30分钟

菜品特点：味道鲜美 营养丰富

主料： 笋、海参、火腿、土鸡、广肚、鱼翅各适量

配料： 汤、精盐、酒、辣椒面、胡椒粉、太白粉、油各少许

操作步骤

①笋切片，过油，用汤焖煮备用；火腿切片；土鸡切块；海参、广肚发好洗净；鱼翅煨好。

②将处理好的笋、海参、火腿、土鸡、广肚、鱼翅摆入砂锅内，加汤、精盐、酒、辣椒面、胡椒粉、太白粉，小火煨煮，味透，勾芡即可上桌。

操作要领

鱼翅最好提前用凉水泡发。

营养贴士

此菜具有益气、补虚、开胃、健脑、益智、除烦解渴、清热解毒等功效。

主料： 丝瓜500克，蘑菇100克

配料： 花生油70克，食盐、味精、香油、水淀粉各适量

操作步骤

①选大拇指粗的细丝瓜，刮净外皮，洗净切成6厘米长的段，剞兰花刀形；蘑菇洗净待用。

②炒锅上火，加花生油烧至六成热，下入丝瓜滑油，捞出控油；热锅留少许余油，加入蘑菇煸炒一下，加清水150克烧开，投入丝瓜，加食盐、味精烧至入味后，将丝瓜、蘑菇捞出，装入汤盘内；锅内卤汁用水淀粉勾上薄芡，淋入香油，淋在丝瓜上面即成。

操作要领

炒丝瓜的烹饪难度不高，但火候要控制好，待丝瓜炒至边缘稍软，加入调料炒匀入味后，要立即出锅，否则丝瓜不仅会炒得过老，还会出水、变软和发黄。

营养贴士

此菜具有通乳止咳、养颜美容、清热解毒的食疗功效。

视觉享受：★★★★ 味觉享受：★★★★ 操作难度：★★

滚龙丝瓜

TIME 15分钟

菜品特点：鲜甜滑爽 制作简单

花生仁拌芹菜

TIME 30 分钟

菜品特点

清香酥脆 咸鲜爽口

主料： 芹菜 200 克，花生米 300 克

配料： 植物油 250 克（实耗 15 克），花椒油、酱油各 15 克，精盐 6 克，味精 2 克

视觉享受：★★★★
味觉享受：★★★★
操作难度：★★

操作步骤

①锅内放入植物油烧热，放入花生米，炸酥时捞出，去掉膜皮。

②将芹菜择去根、叶，洗净，切成 1 厘米长的段，放入开水中，烫一下，捞出，用凉水过凉，控净水分。

③将炸好的花生米和芹菜段放入碗中，将酱油、精盐、味精、花椒油放在小碗内调好，浇在花生米和芹菜上，吃时调拌均匀即成。

操作要领

炸花生米时要控制好时间，不要炸焦了。

营养贴士

此菜具有保护血管壁、降低胆固醇的功效。

江西菜

小炒鱼

主料： 草鱼 400 克

配料： 醋 15 克，淀粉 75 克，精盐 2 克，植物油 500 克，酱油 3 克，米酒 4 克，姜、葱、红椒各 5 克，味精 0.5 克，清汤 150 克

操作步骤

①将鱼刮鱼鳞，去腮和内脏，洗净，片出鱼肉，切成块，用精盐、米酒、酱油腌 5 分钟；姜切片，葱切花；红椒洗净，去籽，切碎；小碗内放入清汤、酱油、味精、醋、淀粉和米酒调汁待用。

②锅中放植物油，烧至六成热时，将鱼块裹上淀粉下锅，炸至外略酥、内断生，滤去油。

③锅中留底油，放入葱花、红椒、姜片炒出香味，放入炸好的鱼块翻炒，加入调汁，用水淀粉（淀粉加水调制）勾芡，淋明油即可。

操作要领

草鱼要活的，每条 750 ~ 1000 克为好。

营养贴士

此菜具有提神、美容、开胃等功效。

冬笋干烧肉

TIME 25分钟

菜品特点
肉质软烂
味道鲜香

主料： 猪五花肉750克，冬笋500克

配料： 葱花、白糖、味精、猪油（炼制）、酱油、料酒、鲜汤各适量

操作步骤

①将猪五花肉切块，放入开水，待沸腾捞起，洗净血水；冬笋去掉外壳和根须，切成同肉一般大小的块。

②炒锅置旺火上，下猪油，烧至六成热，放入猪肉煸炒，加入酱油、料酒、白糖，烧至上色，加入鲜汤，转微火，加盖焖至六成熟。

③另起锅置旺火上，放油烧至六成热，下冬笋块炸上色，捞起，投入肉锅拌和再烧，待八成熟时加味精，撒上葱花即可。

操作要领

调料、汤汁要一次加足，中途不可加水。

营养贴士

冬笋是一种高蛋白、低淀粉的食品，对肥胖症、冠心病等患者有一定的食疗作用。

家乡豆腐

主料： 豆腐300克，猪五花肉125克

配料： 香葱、蒜、水淀粉、食用油、酱油、料酒、豆瓣酱、精盐、味精各适量

操作步骤

①把豆腐切成厚片；猪五花肉切成片；香葱切段，蒜切末；豆瓣酱剁成细末。

②炒锅中放食用油烧热，放入豆腐片，煎成金黄色，盛出备用。

③锅中留少许油，下猪肉片炒香，加豆瓣酱末炒出红油，调入酱油、料酒和适量水，随即放入豆腐片、精盐和味精。

④烧开后调小火慢炖，将豆腐炖透，加入香葱段、蒜末，用水淀粉勾芡，将汤汁收浓即可。

操作要领

豆腐下油锅煎的时候先别搅动，否则容易烂，等豆腐外面稍硬的时候，再用筷子将它们拨开。

营养贴士

豆腐含有丰富的钙、磷、铁和B族维生素等营养成分，能保证人体正常的弱碱性。

玉米胡萝卜排骨汤

主料： 排骨300克，胡萝卜300克，玉米2根

配料： 姜、精盐、味精各适量

操作步骤

①胡萝卜削皮，洗净切小块；玉米斩段，每段再剖成四半；姜洗净拍松；排骨洗净后剁成块，用开水汆烫。

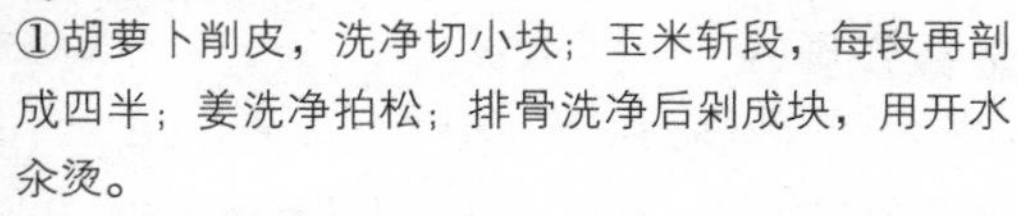

②砂锅内加适量水和排骨块、胡萝卜块、玉米块、姜，煮开后改小火煲2小时，加精盐、味精调味即可。

操作要领

往排骨汤里加胡萝卜和玉米，可以减轻排骨汤的油腻感。

营养贴士

玉米富含维生素C等，有长寿、养颜的功效。

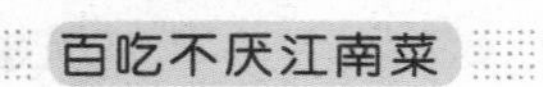

子姜炒鸡

主料： 鸡1只，子姜250克

配料： 荷兰豆、红椒各50克，蒜茸、精盐、生粉、茶油、生抽、味精各适量

操作步骤

①取鸡半只，剁成小块，用精盐、生粉拌一下；子姜切成薄片；荷兰豆、红椒洗净切片。

②将子姜直接放入锅中炒至半熟，炒干一些水汽，装盘待用。

③锅中放茶油烧热，下鸡肉块、蒜茸翻炒，下子姜片、荷兰豆、红椒片一起翻炒至鲜亮，倒入少量开水，稍稍焖煮，淋上生抽，加点味精即可。

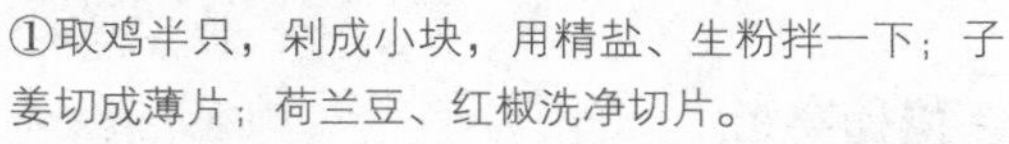

操作要领

如果没有子姜，也可以用老姜代替。

营养贴士

姜具有开胃止呕、发汗解表的功效。

福建菜

福州鱼丸

TIME 30分钟

菜品特点

主料： 鱼肉、猪肉各适量

配料： 生粉、精盐、味精、蛋清、葱花、酱油、花椒面、料酒、老抽各适量

视觉享受：★★★★

味觉享受：★★★★

操作难度：★★

操作步骤

①鱼肉剁碎，加精盐、少量味精、少量水、蛋清，朝一个方向一直打到黏稠成胶状，加少量生粉。

②猪肉加少量葱花、酱油、蛋清、味精、花椒面、精盐、料酒、老抽搅拌均匀，搓成肉丸，表面撒一层生粉。

③手上拿少许鱼胶，大拇指上下移动搓成圆球，把肉丸从旁边塞进去，搓两下，用汤匙取下，放入热水锅中煮熟，捞出放入碗中，加少许精盐和原汤，点上葱花即可。

操作要领

制鱼胶时，如果生粉放多了，就会影响口感。

营养贴士

该鱼丸具有补虚养血、祛湿、润燥等功效。

炒西施舌

主料： 净西施舌 350 克，上海青 20 克

配料： 红椒、葱、湿淀粉、绍酒、白糖、白酱油、味精、上汤、芝麻油、生油各少许

操作步骤

①将西施舌肉去裙，每只均片成相连的两扇，洗净，把壳整齐地摆在盘子上；葱切片；上海青切成两瓣；红椒切成圈状；白酱油、白糖、味精、绍酒、芝麻油、上汤、湿淀粉调成卤汁。

②将片好的西施舌放入 60℃的热水锅氽烫，捞起沥干水分。

③炒锅置旺火上，下生油烧热，将上海青、红椒圈、葱片放入翻炒，倒入卤汁煮沸勾芡，汁黏时放入西施舌肉片，迅速翻炒，装盘即成。

操作要领

温水氽西施舌时，水温不可过高，氽的时间不宜过长，这样可保持西施舌口感脆嫩。

营养贴士

西施舌具有凉肝明目、清热息风等功效。

主料： 漳港海蚌 3500 克

配料： 三茸鸡汤、精盐、料酒各适量

操作步骤

①海蚌劈开壳，洗净后入沸水锅煮至六成熟，取出装于碗中，倒入少许料酒浆一下。

②取出沥干，加入约 150 克的三茸鸡汤（热），浸泡片刻后再将汤汁沥净。

③将三茸鸡汤用精盐调味后，烧沸后立即氽入海蚌，即成。

操作要领

三茸鸡汤是鸡肉块、牛肉块、猪里脊肉块加清水上屉蒸 3 小时，去肉，滤去杂质和浮油后的汤。

营养贴士

海蚌具有降低胆固醇等功效。

鸡汤氽海蚌

鲜莲冬瓜盅

主料： 冬瓜1个，鸭腿400克，火腿、草菇、青蟹各75克，干贝、冬菇、田鸡、烧鸭各50克，丝瓜25克

配料： 二汤500克，青豆、精盐、味精、料酒、鲜莲、水淀粉、白糖、胡椒粉、油各少许

视觉享受：★★★★★
味觉享受：★★★★★
操作难度：★★

操作步骤

①取冬瓜半只，挖去瓜瓤，瓜边刻上齿轮形，先下开水锅氽透捞出，用清水漂凉，竖直放在瓷盘上；青蟹洗净，蒸熟取出蟹肉。

②干贝洗净；烧鸭、鸭腿、冬菇、田鸡全都切成丁；火腿切片；鸭腿丁和田鸡丁放入碗中，先用水淀粉拌匀后下开水锅氽熟，捞出洗净，和青豆、冬菇、火腿、干贝一起放入瓜盅内，加入二汤、味精、料酒，上笼蒸至筷子能戳进瓜内时取出。

③丝瓜切成粒，与鲜莲、草菇下开水锅氽透捞出，和烧鸭丁、蟹肉放入瓜盅内，加入精盐、白糖、胡椒粉，瓜皮上抹上油即成。

操作要领

最好选用老冬瓜。

营养贴士

此菜具有降血压、降血脂、养心、防中风、缓解溃疡、养肝、清火疗疹等功效。

视觉享受：★★★★ 味觉享受：★★★★ 操作难度：★★

煎糟鳗鱼

TIME 15分钟

菜品特点：色泽酸红 软嫩甜滑

主料： 河鳗 500 克

配料： 花生油、酱油、味精、黄酒、白糖、香糟汁、湿淀粉、肉清汤、五香粉、咖喱粉、姜末、蒜末、葱末、芝麻油各适量

操作步骤

①将鳗鱼宰杀洗净，切成块，用酱油、味精、黄酒、白糖、香糟汁浆匀，腌渍 7 分钟，加湿淀粉抓匀。

②锅置旺火上，下花生油烧至七成热，把鳗鱼块下锅拨散炸 5 分钟，捞出滗去油，装盘。

③锅置旺火，加肉清汤、芝麻油、白糖、五香粉、咖喱粉、姜末、蒜末、葱末搅匀，食用时淋在鳗鱼上即可。

操作要领

鳗鱼块用调料腌渍一段时间后，再加湿淀粉抓匀，这样可使鳗鱼块充分入味。

营养贴士

此菜有壮腰健肾等功效。

主料： 田鸡 750 克

配料： 红椒 1 个，咖喱粉、味精、葱、料酒、干淀粉、酱油、白糖、大蒜、花生油、香油各适量

操作步骤

①田鸡宰杀洗净，去内脏、头、爪、皮，卸下四肢，大腿骨点刀后切 3~4 段，田鸡身切 4~6 块，盛在小盆里，用干淀粉、酱油、白糖、料酒、味精抓匀，稍作腌渍；红椒切片，大蒜切去两头，葱切段。

②锅置旺火上，倒入花生油烧至六成热，将腌渍的田鸡、蒜头、红椒片一起下锅炸 3 分钟，沥干油，加入料酒、咖喱粉、味精、香油，翻炒几下装盘即可。

操作要领

田鸡可以剥去皮，也可以不剥皮，但应炸熟。

营养贴士

此菜具有延缓衰老、预防骨质疏松等功效。

视觉享受：★★★★ 味觉享受：★★★★ 操作难度：★

走油田鸡

TIME 25分钟

菜品特点：肉鲜味美 营养丰富

砂锅六味

主料： 猪肚100克，里脊、蹄筋、本鸡、鱿鱼干、白萝卜各50克

配料： 精盐、味精各少许

视觉享受：★★★
味觉享受：★★★★
操作难度：★

操作步骤

①猪肚、里脊、蹄筋、白萝卜切成条，将鱿鱼干泡发，切成同等大小的条；本鸡切成块，焯水沥干。

②将上述原料放入炖盅内，调好味。

③将炖盅用桃花纸封好，上笼蒸4小时左右即可。

操作要领

猪肚要反复清洗干净。

营养贴士

此菜具有补虚损、健脾胃、强筋壮骨、促消化等功效。

四川菜

白菜卷肉

TIME 15分钟

菜品特点
简单易做
营养丰富

主料： 圆白菜200克，胡萝卜丝100克，青椒丝50克，熟肉丝100克

配料： 精盐、鸡精、香油各适量

视觉享受：★★★★
味觉享受：★★★★
操作难度：★

操作步骤

①胡萝卜丝与青椒丝入沸水锅中焯烫一下，捞出沥干，加入熟肉丝、精盐、鸡精拌匀调味。

②圆白菜洗净，入沸水锅中焯水后沥干，平铺在案上，抹上香油，将拌好的肉丝、胡萝卜丝、青椒丝放上卷起，用刀斜切成块即可。

操作要领

可用酱油、蒜泥、香油等调成味汁浇在白菜卷肉上。

营养贴士

此菜具有补骨髓、润脏腑、益心力、壮筋骨、利脏器、祛结气、清热止痛等功效。

视觉享受：★★★★ 味觉享受：★★★★ 操作难度：★★

干锅黑牛肝菌

TIME 40分钟

主料： 猪大肠250克，黑牛肝菌50克，千张（豆腐皮）100克

配料： 香菜段、油、精盐、葱白段、大蒜、生姜片、花椒、干辣椒、泡姜丝、泡辣椒、白醋、老抽、白酒、白糖各适量

操作步骤

①猪大肠用精盐、白醋反复搓洗，再用清水冲洗数次，切成小段，放入冷水锅中，倒入白酒，放几个葱白段和生姜片，大火煮20分钟，捞出待用；黑牛肝菌用冷水泡发待用；千张洗净切成细丝待用。

②锅中下油，放几粒花椒慢慢炒香，放入葱白段、大蒜、生姜片、干辣椒、泡姜丝、泡辣椒煸炒出香味；倒入大肠、黑牛肝菌，加老抽上色炒匀，放精盐、白糖，倒入开水，淹没食材的1/2，翻匀，盖上锅盖，焖至汁水收干；将千张放到干锅的底部，将焖好的材料倒入小锅中，小火慢烧至熟，撒香菜段拌匀出锅即可。

操作要领

煮猪大肠的时候加白酒和姜片，也可以去除异味。

营养贴士

此菜具有润肠、去下焦风热、止小便数、防癌、止咳、补气等功效。

主料： 鳝鱼100克

配料： 泡发木耳40克，葱10克，姜、蒜头、红辣椒各5克，糖15克，酱油15克，太白粉水、蚝油、白醋、香油各5克，食用油适量

操作步骤

①鳝鱼洗净切片状，放入油锅中稍微炸一下，捞起沥干备用；泡发木耳去蒂洗净，撕小块，放开水中焯烫捞出；葱切段，姜切片，蒜头切片，红辣椒洗净切片。

②热锅倒入适量的食用油，放入葱段、姜片、蒜片及辣椒片爆香，再放入木耳拌炒均匀。

③加入鳝鱼片、糖、酱油、蚝油、白醋，盖上锅盖，转中小火焖煮至入味，用太白粉水勾芡，滴上香油即可。

操作要领

鳝鱼片焖制时要用中小火。

营养贴士

鳝鱼具有清热解毒、凉血止痛、祛风消肿、润肠止血、补脑健身等功效。

视觉享受：★★★★ 味觉享受：★★★★ 操作难度：★★

生爆鳝背

TIME 30分钟

东坡金脚

TIME 90分钟

菜品特点
咸鲜适口
营养丰富

主料： 猪脚400克

配料： 菠菜20克，胡萝卜50克，猪油600克（实用50克），白萝卜80克，姜片5克，花椒1克，糖色10克，胡椒粉、味精各10克，酱油15克，精盐20克，料酒、高汤各适量，麻油少许

视觉享受：★★★★
味觉享受：★★★★
操作难度：★★★

操作步骤

①猪脚去毛，洗净，切段，拆骨，用开水氽过，加少许酱油上色。

②锅中入猪油烧热，猪脚下锅炸至金黄色，捞起沥干。

③锅中留少许油，放入姜片、花椒、胡椒粉、酱油、精盐、味精、糖色、料酒爆香，加入高汤、猪脚，用小火煮1小时，再入蒸锅蒸10分钟，猪脚滗出原汁后扣置盘中。

④麻油入锅，爆炒菠菜，加入刚才滗出的原汁勾芡，浇在猪脚上；胡萝卜、白萝卜用特制勺器挖取，用油炸3分钟后捞起，与炒熟的菠菜一起镶在盘边，即可上桌。

操作要领

本品有油炸过程，需备猪油约600克。

营养贴士

此菜具有促进食欲、提高人体免疫力、延缓皮肤衰老、补虚弱、填肾精、健腰膝等功效。

视觉享受：★★★★ 味觉享受：★★★★ 操作难度：★★

干锅玉兔

TIME 30分钟

菜品特点：微辣鲜香 营养丰富

主料： 光兔1只（净重750克）

配料： 湖南小红椒圈、姜块各20克，洋葱50克，郫县豆瓣酱、炸蒜瓣各10克，香葱段10克，精盐3克，鸡精12克，料酒16克，红油15克，高汤1000克

操作步骤

①光兔去除内脏，剁成核桃般大小的块，洗净后放入沸水中，加10克料酒，大火汆2分钟，捞出控水。

②锅入红油，烧至七成热，放入姜块、郫县豆瓣酱，小火煸香，烹料酒6克出香，放入兔肉，小火翻炒2～3分钟；加高汤大火烧开，改小火烧3分钟，用精盐、鸡精调味，取出，再放入高压锅内大火烧开，改小火压8分钟，再大火收汁，出锅备用。

③洋葱切丝，放入干锅内打底，放入兔肉、湖南小红椒圈、炸蒜瓣、香葱段即可。

操作要领

兔肉汆烫时间不要过长。

营养贴士

兔肉中含有多种维生素和8种人体所必需的氨基酸，含有较多人体最易缺乏的赖氨酸、色氨酸。

视觉享受：★★★★ 味觉享受：★★★★ 操作难度：★

麻辣白菜

TIME 15分钟

菜品特点：咸香适口 麻辣有味

主料： 大白菜750克

配料： 红辣椒10克，植物油100克，精盐、味精各5克，料酒25克，酱油30克，花椒25粒，葱花适量

操作步骤

①大白菜洗净掰成块，红辣椒洗净切段待用。

②炒锅内注油烧热，放入花椒稍炒几下，放入红辣椒段、葱花炒香，加入白菜和精盐翻炒几下，加入料酒、酱油、味精，翻炒均匀即可。

操作要领

如果喜欢吃脆的，则炒到断生即可。

营养贴士

此菜具有增强抵抗力、解渴利尿、通利肠胃、促进消化等功效。

干煸野鸡红

主料：白萝卜300克，胡萝卜150克，芹菜、青蒜各50克，芽菜20克

配料：精盐、味精各5克，酱油、香油、豆瓣酱各8克，花生油30克

操作步骤

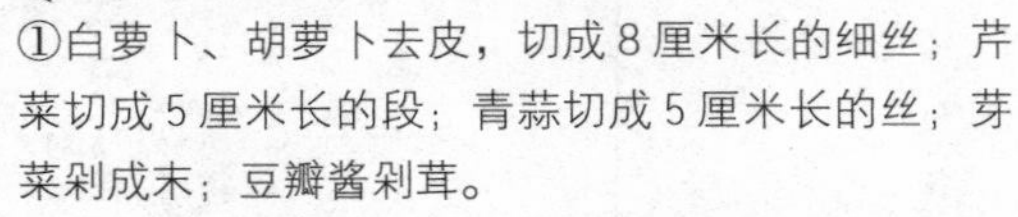

①白萝卜、胡萝卜去皮，切成8厘米长的细丝；芹菜切成5厘米长的段；青蒜切成5厘米长的丝；芽菜剁成末；豆瓣酱剁茸。

②将炒锅置旺火上，倒入花生油烧熟，放入萝卜丝快速炸一下，捞出沥油。

③锅内留底油，放豆瓣酱炒香，倒入萝卜丝，加精盐、酱油、芽菜末炒匀，再加入芹菜段、青蒜丝干煸出香味，放入味精，淋上香油拌匀即可出锅。

操作要领

胡萝卜丝和白萝卜丝放入油中炸时一定要快速。

营养贴士

本品具有增强免疫力、促消化、保护肠胃、降脂降糖、明目、平肝降压等功效。

视觉享受：★★★★ 味觉享受：★★★★ 操作难度：★

罐煨牛筋

TIME 4小时

菜品特点：味道鲜美 营养丰富

主料： 牛蹄筋（泡发）600克

配料： 火腿50克，竹笋100克，红枣20克，甘草5克，莲子30克，料酒15克，精盐、味精各10克

操作步骤

①牛筋去油，整理干净，切2厘米立方块，用滚水略烫，捞起沥干；竹笋洗净，去壳切片；红枣、莲子略冲净；火腿切片。

②将牛筋、竹笋、火腿、红枣、甘草、莲子、料酒、精盐、味精与高汤同入瓦罐，用大火煮开后，改成小火慢慢炖4小时左右，待牛筋熟烂即可。

操作要领

牛筋不易熟烂，需要用小火慢慢煨熟。

营养贴士

牛筋能延缓皮肤衰老、强筋壮骨，对腰膝酸软、身体瘦弱者有很好的食疗作用。

主料： 兔肉1500克

配料： 辣椒油、大豆油各15克，豆瓣、芝麻酱各15克，味精2克，姜片、大蒜（白皮）各10克，香油2克，葱花、酱油、醋、红油各适量

操作步骤

①先用酱油把芝麻酱调稀成类似于米汤状，再加入其他各味调料，调成怪味汁；豆瓣放入豆油油锅中炸酥。

②兔肉加姜片、大蒜煮熟，捞起斩成条形，摆入陶钵，淋上怪味汁，撒上用油炸酥的豆瓣、葱花即可。

操作要领

兔子不能太肥，刚煮熟为宜，不宜煮得太久。

营养贴士

兔肉具有补中益气、滋阴养颜、生津止渴的作用，可长期食用，是肥胖者的理想食品。

视觉享受：★★★★ 味觉享受：★★★★ 操作难度：★

巴国钵钵兔

TIME 30分钟

菜品特点：制作简单 营养健康

宫保腰块

TIME 30分钟

菜品特点

脆嫩鲜香
甜咸酸辣

主料：猪腰 400 克

配料：红辣椒 25 克，料酒 20 克，水芡粉 35 克，猪油 500 克（耗 175 克），高汤 50 克，葱 50 克，姜、蒜各 7.5 克，味精 1.5 克，精盐 1 克，酱油 32.5 克，白糖 17 克，醋 17.5 克，花椒 10 粒，辣椒面 3 克

操作步骤

①猪腰洗净片成两块，去腰臊，用刀在腰的里面划上十字花刀，再切块，加料酒、精盐、25 克水芡粉拌匀；白糖、醋、酱油、味精、高汤、10 克水芡粉兑成汁；红辣椒切成马耳朵形的段，姜、蒜切薄片，葱切段。

②猪油下锅，旺火烧至八成热，放入腰块滑散，用漏勺捞出。

③锅中留油 100 克，放入红辣椒段炒香，加入花椒、腰块、葱、姜、蒜、辣椒面炒匀，随即沿着锅边倾下兑好的汁，迅速翻炒两三下，汁水起小泡时即可出锅。

操作要领

兑汁要快速倾下，以免粘锅。

营养贴士

猪腰具有补肾气、通膀胱、消积滞、止消渴的功效。

清蒸猪脑

主料： 猪脑1只

配料： 山药25克，黄酒、葱花、姜、胡椒粉、精盐、枸杞、味精各适量

操作步骤

①猪脑用水洗净，揭去表面血膜，加上精盐、胡椒粉码味片刻；山药洗净去皮，切片。

②将山药、猪脑放入浅盘，放入葱花、姜、味精、枸杞、黄酒，上屉蒸约15分钟即可。

操作要领

水煮也可以，把猪脑放入清水中烧开，加少许食盐，滚5分钟左右即可。

营养贴士

猪脑味甘、性平，有补益脑髓、疏风、润泽生肌的功效；山药具有健脾益胃、滋肾益精、降血糖等功效。

主料： 鹌鹑1只，冬虫夏草1克

配料： 生姜、葱白各10克，胡椒粉2克，精盐5克，鸡汤300克，白酒、枸杞、泡发香菇各适量

操作步骤

①冬虫夏草去灰屑，用白酒浸泡，洗净；鹌鹑宰杀，沥净血，用温水烫透，去毛、内脏及爪，放沸水中略焯1分钟，捞出晾冷；葱切断，姜切片，泡发香菇去蒂洗净，均放入盅中。

②将鹌鹑的腹内放入虫草，然后用线缠紧放入盅子内，鸡汤用精盐和胡椒粉调好味，灌入盅内，放入枸杞，用湿绵纸封口，上笼蒸40分钟即可。

操作要领

清理鹌鹑时，最好用70℃的温水。

营养贴士

此菜具有滋肺润肾、强筋健骨等功效。

虫草炖鹌鹑

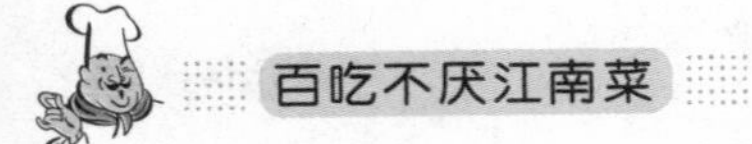

番茄醉料沙司

TIME 15分钟

菜品特点

酸辣可口、制作简单

主料： 番茄500克，黄瓜、白萝卜各50克

配料： 辣椒粉3克，葱、蒜（白皮）各20克，香醋50克，精盐、胡椒粉、芥末各5克，番茄沙司15克

视觉享受：★★★★

味觉享受：★★★★

操作难度：★

操作步骤

①黄瓜、白萝卜洗净切丝，用精盐稍腌，用清水洗净，与辣椒粉拌匀；番茄用小刀在上面开个小口，掏去内籽，放开水中烫2分钟，捞出控干水分，放盘中摆好；蒜、葱剁茸放碗内，加胡椒粉、芥末、香醋拌匀。

②将黄瓜丝、白萝卜丝和拌好的蒜茸、葱茸装进番茄内，淋上番茄沙司即可。

操作要领

番茄在开水中烫的时间不能太长。

营养贴士

本品具有清热解毒、健脾开胃等功效。

视觉享受：★★★★ 味觉享受：★★★★ 操作难度：★★

干锅牛蛙

TIME 30分钟

菜品特点：鲜香可口 味道偏辣

主料： 活牛蛙1000克

配料： 鲜红椒、干椒各30克，蒜子50克，植物油50克，精盐、味精、鸡精粉各2克，姜10克，蒜蓉酱10克，红油、香油各10克，啤酒250克，胡椒粉1克，辣妹子5克，葱5克，紫苏叶5克，鲜汤300克

操作步骤

①牛蛙宰杀后去头、内脏、爪子，砍成4厘米见方的块待用；鲜红椒去蒂切滚刀块；蒜子去蒂；紫苏叶切碎；姜切片，干椒切段，葱切段。

②锅置旺火上，倒入植物油，放入姜片、干椒段煸香，再放入牛蛙、蒜子、鲜红椒，炒至牛蛙变色；放入蒜蓉酱、辣妹子，倒入啤酒稍焖，加入鲜汤、精盐、味精、鸡精粉，转中火烧至牛蛙九成熟；再放入紫苏叶碎，淋红油，撒胡椒粉，装入干锅内，淋香油，撒葱段即可。

操作要领

干锅吃法，可以多加入一些洋葱丝垫底用酒精炉加热即可上桌。

营养贴士

牛蛙的营养价值极其丰富，经常食用对人体有促进气血旺盛、精力充沛、滋阴壮阳等功效。

主料： 猪腿肉400克，水发玉兰片100克

配料： 水发木耳30克，鲜菜心50克，泡辣椒、姜、蒜、葱各10克，精盐3克，酱油、醋、料酒各10克，糖15克，味精1克，鲜汤40克，豆粉、鸡蛋各25克，素油150克

操作步骤

①猪肉切成长约4厘米、宽4厘米的薄片，加精盐、料酒、鸡蛋、豆粉拌匀；水发玉兰片切成薄片；泡辣椒去籽切成菱形，姜、蒜切片，葱切成马耳朵形；酱油、糖、醋、味精、豆粉、鲜汤兑成芡汁。

②炒锅置旺火上，放素油烧热，将肉片理平放入锅中，煎至两面都呈金黄色后，将肉片拨至一边；放入泡辣椒、姜、蒜、木耳、玉兰片、鲜菜心、葱，迅速炒几下，然后与肉片炒匀；烹入芡汁，迅速翻匀起锅，装盘即可。

操作要领

肉片尽量切薄一些，这样容易入味。

营养贴士

此菜具有补虚强身、滋阴润燥、丰肌泽肤、定喘消痰、清肠胃等功效。

视觉享受：★★★★ 味觉享受：★★★★★ 操作难度：★★

合川肉片

TIME 30分钟

菜品特点：外酥内嫩 鲜香可口

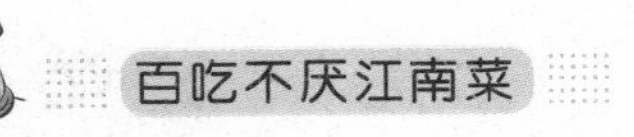

肉末鱼香茄条

TIME 30分钟

菜品特点

咸鲜可口
香味浓郁

主料： 茄子、肉末各适量

配料： 豆瓣酱5克，青尖椒、红尖椒各1个，葱末、姜末、蒜末、精盐、酱油、花椒、鸡精、花生油、香菜叶各适量

视觉享受：★★★★
味觉享受：★★★★★
操作难度：★★

操作步骤

①茄子洗净去蒂，切成长条，倒入锅中直接翻炒，炒干水分后装盘备用；青尖椒、红尖椒洗净切碎，香菜叶洗净切碎。

②锅中放油烧热，加入花椒炸香，倒入豆瓣酱炒出香味，加入葱末、姜末、蒜末，倒入炒干的茄子翻炒；加入精盐、酱油调味，茄子快熟时倒入肉末搅拌均匀；倒入切好的青尖椒、红尖椒翻炒，加入鸡精炒熟，撒上香菜叶即可。

操作要领

茄条也可先用盐水浸泡，然后沥干水分，加干淀粉抓匀。

营养贴士

茄子所含的B族维生素对痛经、慢性胃炎及肾炎水肿等有一定的辅助治疗作用。

视觉享受：★★★ 味觉享受：★★★★ 操作难度：★

四川麻辣火锅

TIME 20分钟

菜品特点
麻辣爽口
制作简便

主料： 四川麻辣火锅底料25克，老汤500克

配料： 米酒20克，白糖25克，花椒25克，味精5克，生抽100克，干灯笼椒50克，香油、陈皮、八角、桂皮、草果、丁香各少许，姜5片，蒜瓣6克，牛油250克

操作步骤

①将牛油放入锅中烧热，投入花椒15克、干灯笼椒25克、姜片、蒜瓣爆香，放入四川麻辣火锅底料炒香，倒入米酒略炒。

②将其余材料与老汤都放入锅中煲滚，再煮上自己喜欢的食物用火锅味碟佐食。

操作要领

香油能提升麻辣火锅的香气。

营养贴士

此火锅具有润肺生津、补中益气、清热燥湿、化痰止咳等功效。

主料： 鲜平菇300克，鸡蛋2个

配料： 精盐、味精、鸡粉各3克，花椒盐15克，淀粉75克，植物油适量

操作步骤

①鸡蛋磕入碗中，加少许精盐、淀粉、植物油，搅匀成软炸糊。

②平菇去蒂，洗净，撕成小条，放入沸水锅中焯烫，捞出过凉，加入精盐、味精、鸡粉腌渍，取出攥干，放入软炸糊内挂匀。

③锅中加油烧至五成热，放入平菇条炸至金黄色，捞出沥油，放入盘中，撒上花椒盐即可。

操作要领

平菇最好先用沸水焯烫一下。

营养贴士

平菇具有增强免疫力、调理疾病、舒筋活血、延年益寿、促进大脑发育等功效。

视觉享受：★★★★ 味觉享受：★★★★ 操作难度：★

香酥鲜菇

TIME 15分钟

菜品特点
色泽金黄
制作简便

生爆盐煎肉

TIME 50分钟

菜品特点
色泽红亮
咸辣香浓

主料： 五花肉200克
配料： 青蒜100克，剁椒20克，白糖8克，精盐5克，高度白酒30克

操作步骤

①五花肉洗净切薄片，加入精盐、高度白酒20克，拌匀腌30分钟，沥去水分；青蒜切成菱形片。

②炒锅不放油，小火慢慢加热，放入五花肉片，继续用小火焙出油，肉片出香味、微微发黄变卷曲后盛出备用。

③锅中留少量油，中火加热到三成热，放入剁椒，炒出红油，倒入煎好的肉片，放入白糖，淋入剩余的白酒，炒到肉片变红上色，最后倒入青蒜翻炒片刻即可。

操作要领

青蒜炒断生即可，不需要加热太久。

营养贴士

五花肉味甘、咸，性平，有补肾养血、滋阴润燥等功效。

视觉享受：★★★★ 味觉享受：★★★★★ 操作难度：★★

酥炸牛蛙腿

TIME 20分钟

菜品特点：色泽金黄 香酥可口

主料： 牛蛙腿500克

配料： 鸡蛋100克，姜片、葱片各15克，醋15克，料酒25克，菜籽油150克，白砂糖5克，淀粉（蚕豆）50克，精盐、绿豆粉丝、红薯粉丝各适量

操作步骤

①将牛蛙腿洗净，用姜片、葱片、精盐、料酒、醋、白砂糖码味约10分钟；鸡蛋打入淀粉中调匀成蛋豆粉。

②锅中放适量菜籽油烧热，取适量绿豆粉丝和红薯粉丝，分别下油锅炸至表面起小泡泡，捞出垫盘。

③锅中另放油，烧至五成热，放入裹满蛋豆粉的牛蛙腿，炸至断生捞出，待油温升至七成热时复入锅中炸至酥香且色泽金黄，捞出摆在炸好的粉丝上即可。

操作要领

牛蛙炸制时间不要过长，水分不要排出过多，以防肉质过老不细嫩。

营养贴士

牛蛙性寒，有清火明目、滋补强身的功效。

视觉享受：★★★★ 味觉享受：★★★★ 操作难度：★

五更豆酥鱼

TIME 30分钟

菜品特点：口感鲜美 营养健康

主料： 鳕鱼500克，猪肉（肥瘦）100克

配料： 豆豉、黄酒各15克，葱、姜、大蒜（白皮）各5克，辣椒粉5克，味精3克，酱油、油各适量

操作步骤

①葱、姜、大蒜切细末；猪肉剁碎成馅备用；去掉鳕鱼的大骨、鳞，放长碟中，淋黄酒，入笼用大火蒸10分钟。

②炒锅烧热，放油，放入葱末、姜末、蒜末炒香，放豆豉、肉馅同炒，待豆豉散发出香味时，加辣椒粉、酱油、味精炒匀，浇在放五更火上的鱼上即可。

操作要领

鳕鱼本身带有咸味，可以不放或者少放精盐。

营养贴士

鳕鱼营养丰富，具有预防高血压、心肌梗死等心血管疾病，活血祛瘀等功效。

五柳青鱼

TIME 50分钟

菜品特点

肉质肥嫩
味道鲜美

主料： 青鱼500克

配料： 胡萝卜、柿子椒各50克，干红辣椒100克，葱10克，姜5克，味精5克，醋、料酒各8克，酱油15克，白砂糖、精盐各10克，湿淀粉（玉米）4克，花生油40克

视觉享受：★★★★
味觉享受：★★★★★
操作难度：★

操作步骤

①青鱼刮鳞，开膛，除去内脏，去净鳃，用刀在鱼身两侧剞一字形花刀（深至鱼骨），放入开水锅中煮熟，捞出，控净水分，剥净皮，切块放在盘中；胡萝卜、柿子椒洗净，切成3厘米长的细丝；葱、姜、干红辣椒洗净切丝；用白砂糖、醋等调料和湿淀粉调汁待用。

②锅中放花生油烧热，把切好的五种丝一同下锅稍炒，烹入调好的汁炒熟，浇在鱼上即可。

操作要领

煮鱼的时候，加些料酒、葱、姜，可以很好地去除腥味。

营养贴士

青鱼肉性平、味甘，具有补气、健脾、养胃、化湿、祛风、利水的功效。

视觉享受：★★★★ 味觉享受：★★★★★ 操作难度：★★★

干锅排骨香辣虾

TIME 40分钟

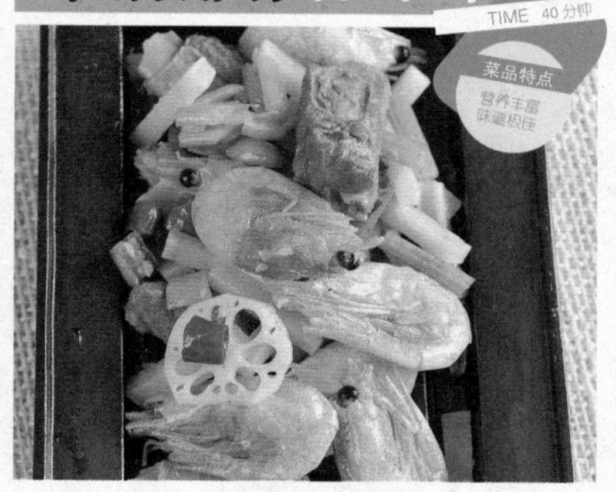

菜品特点：营养丰富 味道极佳

主料： 草虾、猪小肋排各适量

配料： 青椒、红椒、藕、芹菜、土豆、干辣椒、花椒、姜、蒜、精盐、油、料酒、干锅调料各适量

操作步骤

①肋排宰成小段入锅加适量水、精盐、花椒和拍破的姜煮20分钟；虾剪去嘴壳和长须洗净，背上横切一道口子，加少许精盐、料酒和干锅调料码味备用；青椒、红椒洗净切丁，芹菜洗净切段，姜、蒜、藕切片，干辣椒切段；土豆去皮切条后入油锅炸至表面金黄。

②炒锅内加较多的油，油熟后下姜片、蒜片爆香，下干辣椒、花椒和一半干锅调料炒出香味；下虾和排骨，炒至表面有点酥，将排骨和虾捞起，放剩下的半碗干锅调料翻炒片刻；下青椒丁、红椒丁、芹菜段、藕片，加适量水煮3分钟，下炸好的土豆条炒匀，垫在盘底。

③将炒好的排骨和虾倒在菜上面，吃时拌匀即可。

操作要领

虾背上横切一道口子，更容易入味。

营养贴士

此菜具有止泻、健脾、生肌、除烦、平肝、清热、温中、止痛等功效。

主料： 猪肘1个

配料： 食盐6克，冰糖80克，葱50克，姜25克，花椒12粒，黄豆酱油10克，黄酒50克，植物油适量

操作步骤

①葱切段，姜切片拍破；肘子刮洗干净，在骨头边的肉上划一刀，入锅，放葱段、姜片和花椒，煮约15分钟，捞出稍凉剔去骨，晾干水汽后用布擦一下。

②起锅放入水和40克冰糖炒糖色，炒好后加少许热水调开糖色，倒碗中备用。

③坐锅倒少许油，烧到七成热，把肘子肉皮向下放进锅中，中火炸至皮金黄，捞出放盘中备用。

④砂锅下边垫竹篦子，把葱段和拍破的姜分散放入，放花椒，倒黄酒，放另一半冰糖和炒好的糖色水、食盐和酱油；再把肘子皮朝下放进去，加热水没过肘子，大火烧开，转小火慢炖2小时后再接着炖1小时，汤汁浓稠，收汁即可。

操作要领

砂锅下边垫竹篦子，以防粘锅。

营养贴士

猪肘有和血脉、润肌肤、填肾精、健腰脚等功效。

视觉享受：★★★★★ 味觉享受：★★★★★ 操作难度：★★★

东坡肘子

TIME 4小时

菜品特点：猪肘烂软 营养美味

泡椒黄辣丁

TIME 20分钟

菜品特点

嫩滑鲜美 口味独特

主料： 黄辣丁300克，灯笼泡椒50克

配料： 植物油100克，精盐3克，姜5克，青葱2棵，大蒜10克，洋葱、冬笋各少许

操作步骤

①黄辣丁洗净去内脏，沥水备用；姜、蒜、冬笋切片，葱切葱花，洋葱切碎，灯笼泡椒洗净备用。

②炒锅置中火上，倒油烧至八成热，放黄辣丁、精盐，小火炸脆，捞出沥油。

③原锅中火下灯笼泡椒、姜片、蒜片炒出香味，放黄辣丁，加20克开水，焖4分钟出锅，装盘撒上葱花、洋葱碎即可。

操作要领

黄辣丁从腮巴下撕开，挖出内脏。

营养贴士

黄辣丁味甘、性平，有益脾胃、利尿消肿等功效。

视觉享受：★★★★ 味觉享受：★★★★ 操作难度：★

腊肉芥菜汤

TIME 20分钟

主料： 芥菜300克，腊肉150克

配料： 姜末15克，料酒15克，精盐、味精各2克，鲜汤、胡椒粉各适量

操作步骤

①腊肉切片；芥菜去皮洗净，切成4厘米长、1.5厘米宽、1厘米厚的条待用。

②锅置旺火上，放入鲜汤，放入腊肉烧沸，打去浮沫，下姜末、胡椒粉、料酒烧至六成熟，倒入芥菜，烧至腊肉、芥菜熟透，下精盐、味精起锅即可。

操作要领

芥菜要去净老皮洗净，否则汤色差。

营养贴士

此菜具有开胃祛寒、消食、宣肺豁痰、温中利气等功效。

主料： 荷兰豆200克，墨鱼400克

配料： 胡萝卜80克，辣椒酱、味精、精盐、料酒、香油、花生油、淀粉各适量

操作步骤

①荷兰豆去筋洗净，胡萝卜切成花形，将荷兰豆、萝卜花焯水过凉，放在盘底；墨鱼洗净切成夹刀片，焯水滑油后控油待用。

②锅烧热，放花生油，放入辣椒酱爆香，烹入料酒，加味精、精盐，倒入墨鱼片炒匀，水淀粉（淀粉加水）勾芡，淋香油，倒在荷兰豆、胡萝卜上即可。

操作要领

墨鱼焯水时，水中加适量料酒，可去除腥味。

营养贴士

此菜有益脾和胃、生津止渴、补益精气、养血滋阴、美肤乌发等功效。

视觉享受：★★★★ 味觉享受：★★★★ 操作难度：★★

鲜辣花枝片

TIME 30分钟

平都牛肉松

TIME 16小时

菜品特点
色泽金黄
味觉丰润

主料： 新鲜牛后腿肉500克

配料： 白糖40克，曲酒3克，白酱油70克，姜片5克，豆油10克，食盐少许

操作步骤

①新鲜牛后腿肉剔除筋头、油膜，用清水洗净，排除血污，下沸水焯一下，撇去油污和泡沫，把水换掉。

②500克肉用清水150～175克，下锅边煮边打油泡，待打尽泡子后，放姜片、食盐再煮3小时左右；撇去汁液上的油质和浮污，把汁液舀起，只留少许在锅内，挑尽松坯或残骨、油筋、杂物；用锅铲将肉松坯全部拍散成丝状，再将原汁倾入锅内，加入豆油10克再煮30分钟；边煮边撇去上浮汁液，加入曲酒，分解油质继续撇油多次，然后加入白糖，文火拌煮，直至汤干油净。

③加料后的牛肉松起锅后，盛入竹簸内，放在锅口上，用原灶内余火慢慢烘去水分，约12小时；以手握有弹性，便起锅用木制梯形搓板，反复搓松，除去肉头、杂质，冷却即为成品。

操作要领

煮肉3小时左右，至用筷夹肉抖散成丝为度。

营养贴士

牛肉有补中益气、滋养脾胃、强健筋骨、化痰息风、止渴止涎的功效。

视觉享受：★★★★ 味觉享受：★★★★ 操作难度：★

辣味蒸排骨

TIME 40分钟

菜品特点：排骨鲜嫩 咸辣独特

主料： 鲜排骨500克

配料： 香菇50克，蒜蓉辣酱、味精、精盐、老抽、胡椒粉、鸡粉、料酒、香油、花生油各适量

操作步骤

①将排骨洗净，剁成长3厘米的段，用凉水冲去血迹，用抹布擦干水分；香菇泡发洗净，切厚片。

②将蒜蓉辣酱、味精、精盐、鸡粉、老抽、胡椒粉、香油、料酒调成酱，均匀地抹在排骨上。

③将排骨、香菇放入蒸笼蒸熟，盛入碗中，烧热花生油浇在菜上即可。

操作要领

排骨一定要冲去血水，蒸时最好在蒸笼内放个盘子，以免汤汁流失。

营养贴士

排骨有很高的营养价值，具有滋阴壮阳、益精补血的功效。

视觉享受：★★★★ 味觉享受：★★★★ 操作难度：★

连锅汤

TIME 50分钟

菜品特点：汤鲜肉嫩 味道极佳

主料： 猪后腿肉350克

配料： 白萝卜1根，姜3片，淡色鲜酱油15克，花椒粒5克，辣豆瓣酱5克，醋、麻油各5克，辣油、糖各少许，葱结、精盐各适量

操作步骤

①猪肉洗净整块放进凉水里，加花椒粒、葱结、姜片，大火烧开，撇去浮沫，转小火煮30分钟左右，捞出猪肉，晾凉后切薄片；白萝卜洗净切成小片。

②猪肉片和萝卜片放回锅中，捞出花椒粒、葱结、姜片，继续用小火煮至萝卜透明、够软，加入精盐调味即可出锅；取一小碗，将酱油、辣豆瓣酱、醋、麻油、辣油、糖混合调好成蘸料，一起上桌蘸食。

操作要领

煮肉的时候不用加许多香料，吃的就是肉的原香味，用一点花椒、葱和姜去腥即可。

营养贴士

此汤具有降逆止呕、化痰止咳、散寒解表、消食积、化痰、宽中、补血、补虚强身、滋阴润燥等功效。

冷锅鱼

主料： 鲜鱼1条

配料： 芹菜100克，油100克，郫县豆瓣（剁碎）30克，泡姜（切片）20克，榨菜50克，蒜末50克，酱油15克，花椒15克，糖10克，灯笼椒、料酒、葱段、鸡精、淀粉、骨汤、精盐、蛋清各适量

视觉享受：★★★★
味觉享受：★★★★
操作难度：★★

操作步骤

①将鱼收拾干净以后，鱼头对剖，鱼肉切片，用淀粉和蛋清腌渍；芹菜洗净切段。

②将炒锅烧热放入油，烧至八成热，放入郫县豆瓣炒香，放入泡姜、榨菜、蒜末、葱段、花椒、灯笼椒炒香；加入骨汤烧开，加入料酒、酱油、精盐、糖、鸡精调味，汤煮开后转小火加盖稍微炖煮一会儿。

③将鱼块放入汤中煮断生，关火，放入芹菜段即可上桌。

操作要领

煮鱼要注意火候，断生即可，不可久煮。

营养贴士

鱼肉营养价值高，含有丰富的胶质蛋白，即能健身，又能美容，是女性滋养肌肤的理想食品。

视觉享受：★★★★ 味觉享受：★★★★ 操作难度：★★

凉粉鲫鱼

TIME 30分钟

菜品特点 色泽红亮 麻辣鲜香

主料： 鲜活鲫鱼1条（约750克），白凉粉250克

配料： 料酒、红油各15克，猪网油200克，蒜泥、葱花各5克，精盐、花椒油各5克，豆豉、芽菜末各10克

操作步骤

①活鲫鱼处理干净，在鱼身两侧各划几刀，抹上料酒、精盐，用猪网油包好，放入蒸碗，上笼蒸约15分钟至熟；凉粉切成约1.3厘米见方的小块，入清水锅煮开，捞起滤干，加上由红油、豆豉、蒜泥、芽菜末、葱花、花椒油等配合好的调料和匀。

②将蒸好的鱼取出，去掉网油，装入盘中，倒上和好的凉粉即成。

操作要领

豆豉和鱼都是咸的，所以要少放盐或不放盐。

营养贴士

鲫鱼具有益气健脾、消润胃阴、利尿消肿、清热解毒、降低胆固醇等功效。

主料： 圆白菜500克

配料： 红辣椒50克，精盐5克，味精3克，花椒10克，花生油15克，熟白芝麻、青辣椒各少许

操作步骤

①将圆白菜叶一片一片从根部整个掰下，洗净控干水分；青辣椒、红辣椒洗净切成小节备用。

②锅中放入花生油烧热，放入红辣椒、青椒、花椒，炸出香味，放圆白菜煸炒，加味精、精盐稍炒，待菜叶稍软，倒入碟中，晾凉；用手将菜叶卷成笔杆形，切成小节，码放在碟上，撒上熟白芝麻即可。

操作要领

注意圆白菜叶不能炒得太软。

营养贴士

此菜具有补骨髓、润脏腑、益心力、壮筋骨、利脏器、祛结气、清热止痛等功效。

视觉享受：★★★★ 味觉享受：★★★★ 操作难度：★

麻辣白菜卷

TIME 20分钟

菜品特点 营养丰富 口味独特

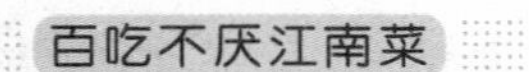

麻辣干锅虾

TIME 45分钟

菜品特点

味道麻辣
营养美味

主料： 鲜虾适量

配料： 干辣椒、花椒、豆豉、葱、姜、蒜、精盐、生抽、糖、油、白酒、玫瑰露酒各适量

视觉享受：★★★★
味觉享受：★★★★
操作难度：★★★

操作步骤

①干辣椒剪段去籽；豆豉略剁碎；姜、蒜切末；葱白切丝，葱叶切大段；鲜虾剪去虾枪、虾须，挑去沙包和虾线，冲洗干净，倒少许白酒腌渍10分钟。

②锅烧热，不放油，倒入虾翻炒1分钟，至干爽、虾身变红盛出。

③锅洗净，重新烧热，倒入比平时炒菜稍多的油，热锅热油，倒入虾煎炒1分钟，虾壳变脆，虾头出油。

④另取砂煲烧热后倒入盖住锅底的薄油，放入花椒，油热后放入蒜末、姜末、豆豉爆香，放葱白、干辣椒，再次爆香；倒入煎好的虾，加适量精盐、少量生抽和糖炒匀，沿煲边烹入少许玫瑰露酒，撒上葱叶段，翻炒至葱叶变软；将虾盛出摆好，撒上葱白丝即可。

操作要领

喜欢更辣的可加入豆瓣酱，跟豆豉一起剁碎即可。

营养贴士

虾具有健身强体、防病抗老的功效，对于肾阳虚的患者尤为适宜。

视觉享受：★★★★　味觉享受：★★★★　操作难度：★★

海米冬瓜

TIME 20分钟

菜品特点
色泽清绿
味道鲜美

主料： 冬瓜500克，海米50克

配料： 食用油500克（实耗30克），料酒5克，精盐、味精各3克，香葱1棵，生姜1小块，水淀粉适量，花椒粒、小红椒段各少许

操作步骤

①冬瓜去外皮、去瓤，洗净切片，用少许精盐腌10分钟左右，沥干水分待用；用温水将海米泡软；葱、姜切末。

②锅内放油，烧至六成热，倒入冬瓜片，待冬瓜皮色翠绿时捞出沥油。

③锅内留底油烧热，爆香葱末、姜末、花椒粒、小红椒段，加适量水、味精、料酒、精盐和海米，烧开后放入冬瓜片，用大火烧开，转小火焖烧，冬瓜熟透且入味后，下水淀粉勾芡，炒匀即可。

操作要领

冬瓜片不要切得太薄，否则口感不好。

营养贴士

冬瓜具有清热解毒、利水消肿、生津止渴、润肺化痰、解暑等功效。

主料： 泥鳅适量

配料： 味精、蒜、花椒粉、辣椒粉、孜然粉、白芝麻各少许，食盐、香油、食用油各适量

操作步骤

①把泥鳅宰杀干净，稍微撒点食盐，沥干水分；蒜切末放在大碗里，加入花椒粉、辣椒粉、食盐、味精、孜然粉、白芝麻拌匀。

②锅内放食用油烧热，放入泥鳅炸至表皮酥脆，捞起放入调料碗里，加香油，再把炸泥鳅的热油放点在碗里，搅拌均匀，捞出摆盘即可。

操作要领

泥鳅上的黏液和血一定要洗干净。

营养贴士

泥鳅有补中益气、祛湿邪等功效。

视觉享受：★★★★　味觉享受：★★★★　操作难度：★

麻辣泥鳅

TIME 40分钟

菜品特点
麻辣味浓
香酥可口

麻辣烤鱼

主料： 草鱼1条（约750克）

配料： 姜片、泡椒各20克，蒜、干辣椒段各100克，花椒15克，郫县豆瓣酱30克，豆豉酱15克，酱油15克，料酒5克，辣椒面、花椒面、孜然粉、葱段、精盐、蚝油、植物油各适量

视觉享受：★★★★
味觉享受：★★★★
操作难度：★★

操作步骤

①草鱼洗净，去鱼鳍，在鱼身两侧开花刀，沿鱼骨将鱼一分为二，鱼背相连；用葱段、姜片、料酒、精盐抹匀鱼身，腌渍10分钟，将腌好的鱼放入铺好锡纸的烤盘，垫上葱段和姜片；鱼身刷上蚝油和酱油，撒辣椒面、花椒面、孜然粉，放入预热220℃的烤箱上下火烤20分钟（中间可以取出再刷一次酱油和蚝油），将烤好的鱼去掉姜、葱，放入烤盘中；姜切末，蒜切大块，豆瓣酱、泡椒剁碎。

②炒锅内放植物油，烧至五成热，下姜末、蒜块炒香，放入剁碎的郫县豆瓣、泡椒和豆豉酱炒香，放干辣椒段和花椒炒香，趁热浇在烤好的鱼身上，再放入烤箱中200℃烤5分钟取出即可。

操作要领

在鱼身上刷上厚厚的蚝油使鱼变得鲜嫩。

营养贴士

草鱼具有暖胃和中、平降肝阳、祛风、治痹、截疟、益肠明眼目的功效。

视觉享受：★★★★ 味觉享受：★★★★ 操作难度：★★

麻辣肉片

TIME 30分钟

菜品特点：制作简单 营养丰富

主料： 猪里脊肉500克

配料： 西蓝花200克，鸡蛋150克，花椒8克，葱8克，辣椒油8克，豆瓣辣酱10克，湿淀粉（豌豆）15克，姜15克，味精3克，精盐、白砂糖各5克，花生油30克，高汤适量

操作步骤

①猪里脊肉切成片；葱、姜切末；西蓝花掰小朵，洗净，焯水。

②锅内注油烧热，下西蓝花，加精盐、味精炒熟，摆入盘中。

③将里脊片用鸡蛋清、湿淀粉上浆，过油后捞出，锅内留少许油烧热，下入葱末、姜末爆锅，加入高汤、里脊片和剩余调料煸炒至熟，勾芡装盘即可。

操作要领

猪肉最好先用蛋清、淀粉、精盐拌匀，腌渍一段时间。

营养贴士

此菜具有补肾养血、滋阴润燥、养心安神、补血、增强新陈代谢等功效。

主料： 小蘑菇、火锅底料各100克，青菜椒、红菜椒各1个，白菜、西蓝花各50克，菜心5棵，海白虾5只

配料： 郫县豆瓣酱30克，花椒10克，姜1块，蒜1头，干红辣椒10个，橄榄油30克，香油5克，高汤800克，剁椒45克

操作步骤

①蒜去皮洗净，姜切片；小蘑菇去根洗净，青菜椒、红菜椒、白菜洗净切片；西蓝花洗净掰成小朵；菜心洗净整棵备用。

②炒锅放橄榄油，大火烧至七成热，放花椒略煸，再放入蒜片、姜片、干红辣椒、郫县豆瓣酱和剁椒翻炒；再把火锅底料掰成小块放入炒锅内，改小火炒出香味，加入高汤熬10分钟，放入小蘑菇和海白虾煮5分钟；再放入切好的青菜椒、红菜椒、菜心、西蓝花和白菜略煮5分钟关火，淋上香油即可。

操作要领

底料要炒出香味再倒入高汤。

营养贴士

此菜具有止咳化痰、抗癌、通便排毒等功效。

视觉享受：★★★★ 味觉享受：★★★★ 操作难度：★★

麻辣什锦汇

TIME 30分钟

菜品特点：麻辣鲜香 营养健康

回锅肉

主料： 五花肉 250 克

配料： 青蒜 30 克，豆瓣辣酱 10 克，糖 10 克，味精、高汤、大豆油各适量

视觉享受：★★★★
味觉享受：★★★★
操作难度：★★

操作步骤

①五花肉洗净，整块放入冷水中约煮 20 分钟捞出，晾凉后切成薄片备用；青蒜去干皮，切段。

②炒锅放大豆油，下肉片爆炒，至肥肉部分收缩，放豆瓣辣酱炒上色，加高汤、糖、味精炒匀，起锅前加青蒜同炒，待香味散出，即可盛盘食用。

操作要领

五花肉煮至八成熟即可。

营养贴士

此菜具有补肾养血、滋阴润燥等功效。

视觉享受：★★★★ 味觉享受：★★★★ 操作难度：★★

麻辣羊蹄花

TIME 50 分钟

菜品特点：麻辣可口 营养保健

主料： 羊蹄肉 2500 克

配料： 香菜、泡菜各 100 克，干红辣椒、大蒜各 30 克，精盐 10 克，香油 10 克，味精、胡椒粉各 5 克，料酒 50 克，酱油 3 克，大葱 15 克，湿淀粉、姜、桂皮、红辣椒碎各适量

操作步骤

①羊蹄放火上去毛，用温水泡上刮洗干净，剁去爪尖，放入冷水锅中煮透捞出，用清水洗净，放入垫有竹箅的砂锅内；放水没过羊蹄，放料酒、精盐、酱油、桂皮、干红辣椒和拍破的葱、姜，旺火烧开，撇去泡沫，转小火煨到七成烂时捞出；稍冷，把骨拆去，扣入碗内，皮朝下，放入原汤，再上笼蒸烂；泡菜切碎；香菜洗净切段；大蒜洗净，切成片。

②将猪油烧到六成热，下泡菜、大蒜、红辣椒碎炒一下，取出羊蹄花翻扣在盘内，把汁滗入锅中，加味精，用湿淀粉勾芡，撒上胡椒粉，淋在羊蹄花上，再淋上香油，撒香菜即可。

操作要领

羊蹄要用小火煨熟。

营养贴士

羊蹄肉具有补肾益精等功效。

视觉享受：★★★ 味觉享受：★★★★ 操作难度：★

麻辣鸡肝

TIME 15 分钟

菜品特点：麻辣爽口 简单易做

主料： 鸡肝 400 克

配料： 油、精盐、大蒜、干辣椒、麻椒、生抽、糖、葱花各适量

操作步骤

①鸡肝切厚片；大蒜一分为二；干辣椒剪碎。

②锅中倒油，油稍热放蒜、干辣椒碎和麻椒炒出香味，放入鸡肝翻炒，加生抽、精盐和一点儿糖调味，煸炒几下关火，放入葱花即可。

操作要领

炒制时间不需太久。

营养贴士

鸡肝具有保护眼睛、增强免疫力、改善面色、补肝肾等功效。

麻油鸡

主料： 嫩鸡1只

配料： 麻油、什件、木耳、生姜、食用油、料酒、白糖、精盐、菠菜、白芝麻各适量

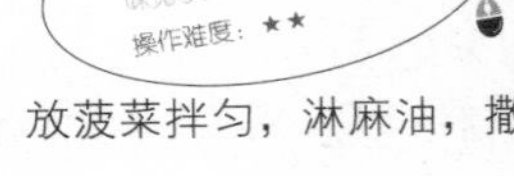

操作步骤

①把嫩鸡清洗干净后切成块，放入开水锅中焯水，放入料酒煮开，撇去浮沫，把鸡肉捞出备用；生姜切成片；木耳泡发洗净，撕小朵切块；什件切片，放开水中焯一下；菠菜洗净，焯熟。

②热锅加少量食用油，再加5克麻油，下生姜片翻炒至颜色变深，加入焯好水的鸡块，翻炒几下，加入清水没过鸡肉；大火煮开后改小火煮10分钟左右，加入什件和木耳继续小火煮5分钟左右，加入3克白糖，加精盐调味；放菠菜拌匀，淋麻油，撒上白芝麻即可。

操作要领

出锅前加一点白糖可以让汤汁味道更鲜美。

营养贴士

鸡肉有温中益气、补虚填精、健脾胃、活血脉、强筋骨的功效。

视觉享受：★★★ 味觉享受：★★★★ 操作难度：★

回锅冬瓜

TIME 20分钟

菜品特点：制作简单 营养美味

主料： 冬瓜500克

配料： 青辣椒、红辣椒各2个，白糖3克，酱油30克，豆瓣酱15克，葱段、精盐、味精各适量

操作步骤

①冬瓜去皮切厚片；青辣椒、红辣椒均洗净切丝；豆瓣酱、酱油、白糖放一个碗里调成味料。

②锅中加水烧沸，下冬瓜片，加盖，中大火煮软，捞出沥干水分。

③炒锅中放油烧至四成热，下青椒丝、红椒丝、葱段炒出香味，下味料炒约半分钟，倒入冬瓜片、精盐、味精，炒约半分钟后起锅装盘即成。

操作要领

冬瓜片要用中大火煮软。

营养贴士

此菜具有化痰、利水、清热、增强免疫力、抗氧化、抗癌、防癌等功效。

主料： 猪腰2个，莴笋75克

配料： 泡辣椒10克，葱10克，姜、蒜各5克，酱油、芝麻油各5克，水淀粉25克，精盐3克，味精、胡椒粉各1克，料酒15克，鲜汤30克，油75克

操作步骤

①姜、蒜去皮，切菱形小片；葱、泡辣椒切成马耳朵形；莴笋去老皮洗净，切成条，用精盐腌一下；猪腰去筋膜，平片一破为二，片去腰臊，先斜刀切花纹，再切断，成凤尾形，放入碗内，加料酒、精盐、水淀粉拌匀；取一容器，将精盐、味精、胡椒粉、料酒、酱油、鲜汤、水淀粉、芝麻油调成芡汁。

②炒锅至旺火上，烧油至七成热，放入腰花块快速爆散，放入泡辣椒、葱、姜片、蒜片爆出香味，放入莴笋条炒匀，倒入芡汁，待收汁亮油后抖几下锅装入盘内即成。

操作要领

青笋条一定要注意腌一下，以便入味，保持脆嫩。

营养贴士

此菜具有补肾气、通膀胱、消积滞、止消渴、利尿通乳、宽肠通便等功效。

视觉享受：★★★★ 味觉享受：★★★★ 操作难度：★★

火爆腰花

TIME 30分钟

菜品特点：咸鲜适口 营养保健

火锅川贝兔

TIME 30分钟

菜品特点

味道鲜美 养生保健

主料： 川贝100克，兔子1只

配料： 精制油100克，蒜、姜、葱各5克，胡椒粉5克，味精15克，鸡精20克，料酒20克，白汤2500克，莲子适量

视觉享受：★★★
味觉享受：★★★★
操作难度：★

操作步骤

①姜、蒜切成2毫米厚的指甲片，葱切成马耳朵形；兔子宰杀，去毛、内脏、头、脚，斩成4厘米见方的块，入汤锅氽水捞起，用开水冲净备用。

②炒锅置火上，下油加热，放姜片、蒜片、葱和兔肉炒香，加入白汤，放味精、鸡精、胡椒粉、料酒、川贝、莲子烧沸，煮10分钟，去尽浮沫，起锅入盆即可。

操作要领

兔子必须先焯水去除血沫，煮好后再用开水冲净。

营养贴士

此菜对子宫出血、子宫炎有一定疗效。

视觉享受：★★★★ 味觉享受：★★★★ 操作难度：★★

鸡豆花

TIME 60分钟

菜品特点

质地细嫩 咸味鲜美

主料： 鸡脯肉125克，鸡清汤1500克

配料： 湿淀粉40克，熟火腿末5克，川盐3克，鲜菜心5根，味精1.5克，胡椒粉0.5克，鸡蛋清4个，葱花适量

操作步骤

①将鸡脯肉去筋，捶成肉茸，盛入碗内，用清水50克解散，加入鸡蛋清、湿淀粉、胡椒粉、川盐2克，搅成鸡浆；鲜菜心放入沸水内焯一下，用清水漂凉，修整齐。

②炒锅置旺火上，放入鸡清汤1300克，加川盐烧沸，再将鸡浆加鸡清汤调稀搅匀倒入锅内，轻轻推动几下，烧至微沸；将锅移至小火上冲10分钟，待鸡浆凝成雪花状时，先在大汤碗内放入菜心，再将鸡豆花舀在其上；锅内清汤加味精注入碗内，最后在豆花面上撒火腿末、葱花即可。

操作要领

肉末捶茸时，若筋未去尽，就不可能有豆花式的细嫩的质感。

营养贴士

鸡肉蛋白质含量较高，且易被人体吸收利用，有增强体力、强壮身体的功效。

主料： 连壳冬笋1500克

配料： 葱、姜各10克，鸡汤600克，精盐6克，熟火腿40克，胡椒0.5克，蘑菇30克，水芡粉、化猪油各30克，枸杞适量

操作步骤

①熟火腿与蘑菇分别切成薄片；冬笋剥去笋壳，去掉老根部分，净笋肉先对剖成两瓣，再切成薄片；姜拍破，葱切段。

②锅置旺火上烧热化猪油，放入姜、葱煸炒几下，加入鸡汤，下冬笋片，放熟火腿片、蘑菇片、精盐、胡椒、枸杞，加盖焖约4分钟，揭盖，拣去姜、葱，淋水芡粉勾芡，舀入一个窝盘内即可。

操作要领

加盖焖笋时，掌握好加汤用量，不要将汤汁烧干。

营养贴士

冬笋具有吸附脂肪、促进食物发酵、消化和排泄的功能，常食冬笋对单纯性肥胖者大有裨益。

视觉享受：★★★★ 味觉享受：★★★★ 操作难度：★

鸡汁焖冬笋

TIME 25分钟

菜品特点

清淡鲜美 清脆爽口

姜汁肚片

主料： 熟猪肚 200 克

配料： 姜 25 克，酱油、香油各 5 克，冷鲜汤、醋各 25 克，精盐 3 克，味精 0.5 克，芹菜、葱末、蒜末、花椒、白胡椒粉各适量

视觉享受：★★★★
味觉享受：★★★★★
操作难度：★★★

操作步骤

①姜去皮剁成芝麻大的颗粒装入小碗中，用醋浸泡成姜汁；芹菜洗净切段，入开水焯熟，摆入盘中。

②猪肚用精盐和醋反复搓洗至表面无黏液，洗净后放进冷水锅中，煮至猪肚表面凝固，无黏液，捞出洗净，去除表面的油膘、白筋、杂质，放入开水锅中；加适量精盐、姜粒、葱末、蒜末、花椒、白胡椒粉，煮开后打去表面浮沫，大火煮 30 分钟，关火；锅不用移动放在炉上至凉，将猪肚取出，切成约 3 毫米薄的片，摆在芹菜上。

③将姜汁、酱油、醋、精盐、味精、鲜汤、香油装入碗内调成姜汁味，淋到猪肚上即可。

操作要领

关火后在炉上放一晚，让猪肚充分入味。

营养贴士

此菜具有补虚、健脾胃、降逆止呕、化痰止咳、散寒解表等功效。

视觉享受：★★★★ 味觉享受：★★★★★ 操作难度：★★

家常热味肘子

TIME 20分钟

主料： 猪肘 750 克

配料： 精盐 5 克，姜、葱各 15 克，豆瓣 15 克，淀粉（玉米）8 克，酱油、醋各 8 克，花生油 30 克，汤 200 克

操作步骤

①猪肘刮洗干净，在小火上炖烂，将炖烂的肘子切成 2 厘米的方块；豆瓣剁细；姜切末，葱切葱花；淀粉放碗内加水调制出湿淀粉备用。

②炒锅置旺火上，放花生油烧至五成热，放豆瓣炒出红油，放姜末、葱花、酱油、精盐，加汤 200 克，下肘子炒匀，肘子上色入味后用湿淀粉勾芡，加醋炒匀，起锅装碟即成。

操作要领

为了使猪肘皮软、肉质酥烂，炖煮的时间可以长些。

营养贴士

猪肘味甘、咸，性平，有和血脉、润肌肤、填肾精、健腰脚的功效。

主料： 墨鱼 500 克

配料： 黄瓜 100 克，姜 5 克，醋、香油各 8 克，酱油 5 克，精盐 5 克，味精 3 克

操作步骤

①黄瓜洗净切丝，摆入盘中；墨鱼撕去表面薄皮，去骨，洗净黑膜，切 3 厘米长细丝，放进开水锅中煮熟，捞出晾凉，放黄瓜丝上；姜刮净皮，切细末。

②姜末与醋、香油、酱油、精盐、味精放在一起，调匀，浇在墨斗鱼丝上，拌匀即可。

操作要领

墨鱼丝放开水中煮的时间不宜过长。

营养贴士

墨斗鱼具有补益精气、健脾利水、养血滋阴、制酸、温经通络、通调月经、收敛止血、美肤乌发的功效。

视觉享受：★★★ 味觉享受：★★★★ 操作难度：★

姜汁墨斗鱼

TIME 15分钟

姜汁热窝鸡

TIME 35分钟

菜品特点

鸡肉细嫩
姜汁味浓

主料： 仔鸡1只（约500克）

配料： 精盐3克，化猪油100克，红油10克，水芡粉20克，醋5克，味精1克，葱20克，鲜汤250克，姜适量

视觉享受：★★★★
味觉享受：★★★★
操作难度：★

操作步骤

①仔鸡宰杀后去毛，去腹脏洗净，入汤锅煮至断生捞出，去掉背骨、腿骨，切成一指条形；葱切葱花，姜去皮切成米粒。

②热锅放入化猪油，烧至六成热，放姜粒煸炒，放入鸡块，加鲜汤、精盐、红油，烧约5分钟，淋入水芡粉勾成浓汁芡，收汁吐油，再加入葱花、醋、味精略炒，起锅盛盘即成。

操作要领

也可在炒姜时加入少量的豆瓣，滋味更加浓厚。

营养贴士

鸡肉蛋白质的含量比例较高，种类多，而且消化率高，很容易被人体吸收利用，有增强体力、强壮身体的功效。

视觉享受：★★★★ 味觉享受：★★★★ 操作难度：★

椒盐茭白盒

TIME 20分钟

菜品特点：色泽金黄 滋味鲜美

主料： 鲜嫩茭白300克，猪肉（肥瘦）150克

配料： 麻油10克，葱花、姜末各10克，精盐、味精各6克，鸡蛋黄30克，酱油5克，干芡粉、面粉各50克，花椒面2克，熟菜油500克（耗125克），芽菜30克

操作步骤

①鸡蛋黄、面粉、干芡粉放入碗内调成蛋浆，另用一个小碟放入花椒面和炒过的精盐4克，搅拌均匀成椒盐；猪肉洗净，芽菜洗净泥沙杂质和茭白嫩尖端部分，分别切成细粒，装入碗内，加酱油、味精、精盐2克、姜末、葱花搅拌均匀成馅。

②选通身粗细、嫩白均匀的茭白，斜切成两刀一断的片，填入馅心夹好，在蛋浆内裹匀，依次放入烧至五成热的熟菜油锅中，炸至浅黄色，熟透捞起；待油温升至七成热时将茭白盒子一齐放入，炸至外酥内嫩、色泽金黄，倒去炸油；淋入麻油颠翻数下，起锅入盘，撒上椒盐即可。

操作要领

茭白第一次炸的油温要低一点，第二次炸的油温不宜过低。

营养贴士

茭白具有解热毒、除烦渴、利二便等功效。

主料： 糯米1000克，粽叶80张

配料： 川盐、大红花椒各适量

操作步骤

①糯米浸泡24小时，淘洗干净，沥干水分，拌入花椒、川盐；粽叶洗净，泡入水中。

②用两张粽叶重叠1/3折成圆锥形，装入拌好的糯米，封口包成三棱形，用麻绳扎紧，即成椒盐粽子生坯，放入锅中，加足水，盖严锅盖，煮约1小时即成。

操作要领

生坯用麻绳扎得越紧越好，入锅用中火煮制。

营养贴士

糯米为温补强壮食品，具有补中益气、健脾养胃、止虚汗的功效。

视觉享受：★★★★ 味觉享受：★★★★ 操作难度：★

椒盐粽子

TIME 90分钟

菜品特点：滋糯清香 味咸微麻

炒干丝

TIME 15分钟

菜品特点：制作简单 营养鲜美

主料： 豆腐皮200克

配料： 干红辣椒、葱白、姜、鸡精、精盐、酱油、植物油、青菜梗各适量

操作步骤

①豆腐皮切成粗丝，用开水汆一下，沥干水分；干红辣椒洗净切丝，姜切末，葱白切片；青菜梗洗净焯水。

②锅中放植物油，放入姜末、干红辣椒丝、葱白片炒香，放入豆腐皮丝煸炒至变得干香，放入青菜梗，加酱油、精盐、鸡精调味即可。

操作要领

炒豆腐皮时最好用筷子翻炒至变得干香。

营养贴士

豆腐皮营养丰富，蛋白质达40%以上，为牛肉的2倍、大米的6倍，是男女老幼皆宜的高蛋白保健食品。

视觉享受：★★★★ 味觉享受：★★★★ 操作难度：★★

鱼香肉丝

TIME 20分钟

菜品特点：咸甜酸辣 色泽红润

主料： 瘦猪肉300克，青笋100克，木耳100克

配料： 白糖5克，醋、酱油各5克，葱花、淀粉、肉汤、泡红辣椒、姜末、蒜末、精盐、植物油各适量

操作步骤

①将猪肉切成约7厘米长、0.3厘米粗的丝，放入碗中，加精盐、水淀粉（淀粉加水）抓匀，腌渍10分钟；青笋、木耳均切成丝。

②白糖、醋、酱油、葱花、淀粉和肉汤放另一碗内，调成芡汁。

③炒锅上旺火，下植物油烧至六成热，下肉丝炒散，加姜末、蒜末和剁碎的泡红辣椒炒出香味，再加入青笋、木耳炒几下，然后烹入芡汁，加精盐颠翻几下即成。

操作要领

腌渍肉丝时最后加入少许植物油，可以有效地保留住肉丝的水分，而且滑油时更容易散开。

营养贴士

黑木耳含蛋白质、脂肪、多糖和钙、磷、铁等元素，以及胡萝卜素、维生素 B_1、维生素 B_2、烟酸、磷脂、胆固醇等营养素。

主料： 猪排骨700克

配料： 干辣椒段、葱花、姜丝、精盐、酱油、五香粉、味精、熟白芝麻、香油、植物油各适量

操作步骤

①排骨斩段，焯水，在高压锅里压20分钟至肉烂骨出，捞出控干水分，加入姜丝、葱花、酱油、精盐，拌均匀，腌30分钟左右。

②热锅放多些植物油，烧到七成热，下入腌过的排骨，煎炸至两面焦黄，加入干辣椒段翻炒。

③加入排骨汤和精盐、酱油、五香粉、味精，用中火收汁，煮至水分将干时起锅晾凉，再加入熟白芝麻和香油拌匀装盘即可。

操作要领

煎炸的步骤改为用油炸也可以。

营养贴士

排骨有很高的营养价值，具有滋阴壮阳、益精补血等功效。

视觉享受：★★★★ 味觉享受：★★★★ 操作难度：★★

芝麻神仙骨

TIME 30分钟

菜品特点：香酥可口 营养丰富

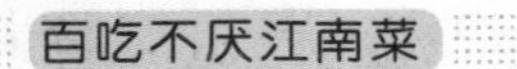

石锅回头鱼

TIME 30分钟

菜品特点

鱼肉滑嫩 味道鲜香

主料： 回头鱼600克

配料： 鲜红椒25克，干淀粉25克，精盐、陈醋、老抽各5克，味精3克，姜片10克，紫苏10克，料酒10克，蒸鱼豉油15克，植物油750克，高汤50克，蒜、葱花各适量

视觉享受：★★★★
味觉享受：★★★★
操作难度：★★★

操作步骤

①回头鱼宰杀处理，洗净，剁成4厘米见方的块，用精盐、味精腌渍10分钟，取出拍上干淀粉；鲜红椒去蒂、切滚刀块；蒜去蒂；紫苏切碎。

②净锅置旺火上，放入植物油，烧至七成热，下入鱼块，炸至金黄色，倒入漏勺沥干油。

③锅内留底油，下姜片、蒜煸香，倒入高汤，放入鱼块、精盐、味精、老抽、陈醋、蒸鱼豉油、红椒块、紫苏、料酒，旺火烧开后，转小火焖10分钟，待汤汁略收干时，出锅装入烧热的石锅内，撒上葱花即可。

操作要领

鱼肉用精盐和味精腌一段时间，可以很好地入味。

营养贴士

此菜具有降糖、降血压、降血脂、养心、防中风、养肝、软化血管、调经等功效。

视觉享受：★★★　味觉享受：★★★★　操作难度：★★

干锅辣子鸡

TIME 30分钟

主料： 仔鸡1只

配料： 青辣椒、红辣椒各1个，姜、蒜、食用油、精盐、酱油、生抽、香油、花生米各适量

操作步骤

①处理干净的仔鸡剁成大小合适的块，放入凉水锅中烧，焯去血水，捞出来用流水冲干净浮沫，上锅大火蒸15分钟；青辣椒、红辣椒洗净切段，姜切丝，蒜剥皮。

②锅内倒入食用油，烧至六成热，放入蒸好的鸡块，翻炒3分钟，放入青辣椒段、红辣椒段、姜丝和蒜一同翻炒；放精盐、酱油和少许生抽调味，翻炒均匀后倒入之前蒸鸡时留下来的汤水焖1分钟，移至干锅，撒上花生米，淋上香油即可。

操作要领

鸡蒸过后，锅里会有些汤水，别倒进炒锅内，留着备用。

营养贴士

此菜具有温中益气、健脾胃、活血脉、强筋骨等功效。

主料： 腊肉400克

配料： 青笋150克，黑木耳5克，姜、郫县豆瓣酱各5克，干辣椒10克，蒜3克，生抽3克，植物油、料酒各适量

操作步骤

①将腊肉蒸10分钟，切成薄片；青笋去老皮切片；木耳洗净去蒂，撕成小朵；姜、蒜切片，干辣椒切碎。

②锅内放植物油，将腊肉煸炒片刻滤油捞出，然后将姜片、蒜片、干辣椒碎放入锅里爆香，再加入郫县豆瓣酱炒出红油；接着将木耳放入翻炒，再放入青笋，并加生抽和料酒，炒熟，最后放入腊肉炒匀即可。

操作要领

腊肉蒸过后，可以去掉部分油脂和烟熏气。

营养贴士

此菜含糖量少、纤维素多，尤其适合糖尿病人食用。

视觉享受：★★★★　味觉享受：★★★★　操作难度：★★

干锅青笋腊肉

TIME 25分钟

沸腾鱼

TIME 30分钟

菜品特点

香辣诱人 开胃下酒

主料： 草鱼1条，黄豆芽500克

配料： 干灯笼椒、花椒粒、姜末、蒜末、葱花、植物油、精盐、味精、料酒、酱油、剁椒、生粉、白糖、鸡蛋清、胡椒粉各适量

视觉享受：★★★★
味觉享受：★★★★★
操作难度：★★★

操作步骤

①将鱼杀好洗净，剁下头、尾，将两面鱼肉片成片，并把剩下的鱼排剁成几块，将鱼片用少许精盐、料酒、生粉和鸡蛋清抓匀，腌15分钟；将豆芽洗净，焯一下，捞入容器中，撒一点精盐备用。

②锅中放平常炒菜三倍的植物油，油热后，放入剁椒爆香，加姜末、蒜末、葱花、花椒粒及干灯笼椒，用中小火煸炒出味；加水，放入鱼头、尾及鱼排，加料酒、酱油、胡椒粉、白糖、精盐和味精调味，用大火烧开；再放入鱼片，5分钟左右后关火，把煮好的鱼及全部汤汁倒入盛有豆芽的容器中。

③另起锅，倒入多些油烧热，下花椒及干灯笼椒，用小火慢慢炒出香味，待辣椒颜色快变时，立即关火，将它们一起倒入盛鱼的容器中，撒入葱花即可。

操作要领

鱼片要厚薄均匀，煮至断生即可，时间长了不够鲜嫩。

营养贴士

此菜具有暖胃和中、平肝祛风、治痹、截疟的功效。

视觉享受：★★★★ 味觉享受：★★★★ 操作难度：★★

蒜苗炒肉

TIME 20分钟

菜品特点：色泽鲜艳 营养美味

主料： 猪瘦肉200克，蒜苗100克

配料： 红椒、植物油、精盐、酱油、麻油各适量，湿淀粉少许

操作步骤

①猪瘦肉切长细丝，加少许精盐、少许湿淀粉拌匀；蒜苗择除老梗，洗净，切长段；红椒片开，去籽，切小片。

②锅中放植物油烧热，放入肉丝，大火爆炒至肉色变白时盛出。

③锅中留底油，放蒜苗翻炒，加精盐、酱油、麻油，放入红椒片翻炒，倒入肉丝，用湿淀粉勾芡，炒至汤汁收干即可。

操作要领

炒时不宜加盖，否则色泽会变黄。

营养贴士

蒜苗对于心脑血管有一定的保护作用，可预防血栓的形成，同时还能保护肝脏。

主料： 鸡脯肉200克，鲜虾仁50克

配料： 鸡蛋2个，姜米5克，蒜米8克，木耳10克，白糖12克，醋15克，酱油10克，胡椒粉1克，鲜汤100克，水豆粉40克，精炼油1000克（约耗75克），精盐少许

操作步骤

①鸡脯肉剁成茸，加清水、精盐、鸡蛋液、胡椒粉、水豆粉搅匀，再加入剁细的鲜虾仁颗粒，搅匀备用；木耳去蒂，撕小片，洗净焯水。

②锅置旺火上，烧油至六成热，用手将鸡肉馅挤成鸡圆，下锅炸定型，捞出，待油温回升至七成热时，将鸡圆回锅炸酥、发黄，捞出装入盘内。

③锅中留油少许，烧至三成热，下姜米、蒜米炒香，烹入用酱油、醋、白糖、精盐、鲜汤、水豆粉调成的芡汁，收汁起锅放入木耳，淋在鸡圆上即成。

操作要领

鸡圆需要复炸一次。

营养贴士

鸡肉含有丰富的维生素C，容易吸收，可增强身体对外抵抗力。

视觉享受：★★★★ 味觉享受：★★★★ 操作难度：★★

糖醋鸡圆

TIME 30分钟

菜品特点：外酥内嫩 鲜香爽口

酸菜鱼

主料： 草鱼1条，四川酸菜400克

配料： 熟白芝麻、葱、泡姜、大蒜、泡椒、料酒、水淀粉、蛋清、胡椒粉、精盐、花椒、油、灯笼椒、糖、高汤各适量

视觉享受：★★★
味觉享受：★★★★
操作难度：★★★

操作步骤

①草鱼宰杀洗净，去鱼头，剔骨，取下两面净鱼肉，鱼头从中间片开，鱼骨剁成小块，鱼肉顺着鱼尾方向斜刀片成薄片；将片好的鱼片加料酒、胡椒粉、少量精盐、蛋清及少许水淀粉抓匀，腌渍10分钟，鱼头、鱼骨也可以用料酒和胡椒粉稍微腌渍去腥；葱切段及少许葱花，四川酸菜片薄后切成小段。

②炒锅加底油烧热，爆香葱段、蒜，加泡椒、泡姜、灯笼椒炒香，下酸菜煸炒8分钟，加高汤，放少许糖提鲜，煮至沸腾，下入鱼头、鱼骨，煮10～15分钟，用漏勺将鱼骨和酸菜先盛到大盆里。

③转小火，将腌制好的鱼片抖开下到汤中，开中火，待鱼片变白、汤汁稍微沸腾后，将汤和鱼片一起倒在酸菜上。

④另起锅加适量油烧热，放入适量花椒和15克泡椒煸炒出香味及红油后，趁热浇在酸菜鱼表面，撒上熟白芝麻、葱花即可。

操作要领

将腌渍好的鱼片抖开下到汤中，不要过分搅拌，以免鱼肉碎掉。

营养贴士

草鱼肉味甘、性温、无毒，有暖胃和中等功效。

视觉享受：★★★★★ 味觉享受：★★★★★ 操作难度：★★

原笼牛肉

TIME 60分钟

主料： 牛肉（肥瘦）650克，地瓜600克

配料： 蒸肉粉100克，豆瓣酱、甜面酱、酱油各15克，葱花10克，白砂糖、味精各10克，色拉油5克，香油3克，姜末3克，花椒20克，冷高汤适量

操作步骤

①牛肉整理干净，切成薄片；地瓜洗净，去皮，切成丁；蒸肉粉用净锅略加烘烤后备用。

②豆瓣酱、甜面酱、酱油、白砂糖、味精、色拉油、姜末拌和均匀，放入牛肉中腌20分钟，然后加入冷高汤将肉片润湿，再一一敷上蒸肉粉。

③地瓜丁在剩余的调料中稍浸，铺在小蒸笼的笼底，上置肉片，大火蒸40分钟，取出，淋香油，撒葱花即可。

操作要领

肉切得薄，腌料才入味，外加一层蒸肉粉阻隔肉香挥发，可使肉片更加香嫩可口。

营养贴士

牛肉有补中益气、滋养脾胃、强健筋骨、化痰息风、止渴止涎的功效。

主料： 猪带皮五花肉500克，油炸猪肉丸子75克，鸡蛋200克，鸡肉、墨鱼各50克，火腿、冬笋各25克

配料： 蘑菇25克，冰糖汁25克，细干豆粉25克，金钩10克，姜、葱各10克，酱油10克，胡椒2克，鲜汤500克，猪油250克，精盐3克，醪糟汁20克，葱花适量

操作步骤

①猪肉、鸡肉、猪骨入沸水锅中煮几分钟捞出，猪肉切成7厘米见方的块，鸡肉切块；鸡蛋煮熟，去壳，裹上细干豆粉，入猪油锅炸成黄色捞出；冬笋切成滚刀块；火腿切粗条，金钩、墨鱼用水涨发后洗净。

②在陶质小坛内垫放猪骨，将猪肉、鸡肉、墨鱼、金钩、火腿、冬笋、鸡蛋、猪肉丸等放入坛内，加精盐、酱油、醪糟汁、冰糖汁和纱布袋装好的姜、葱、胡椒、蘑菇，并掺入鲜汤，然后用纸（润湿）封严坛口；将坛置火上煨约6小时后揭去封纸，拣去纱布袋，将肉装入盘中，撒上葱花即成。

操作要领

高汤一次添加适量，中途不宜添加。

营养贴士

此菜具有补肾、滋阴、益气等功效。

视觉享受：★★★★ 味觉享受：★★★★ 操作难度：★★

坛子肉

TIME 6小时

香辣鲈鱼

TIME 50分钟

菜品特点

味道鲜美 营养丰富

主料： 海鲈鱼1条（约750克）

配料： 西蓝花1棵，精盐3克，胡椒粉、五香粉各5克，料酒10克，辣椒粉20克，干淀粉15克，干面粉、花生油各适量

视觉享受：★★★★★
味觉享受：★★★★★
操作难度：★★★

操作步骤

①鲈鱼洗净，斩下头、尾备用，分开鱼肉和鱼骨，鱼肉切成略厚一点儿的薄片，鱼骨斩成小块；鱼肉和鱼骨放进大碗，加精盐、料酒、胡椒粉、五香粉，抓匀入味，腌10分钟左右，再加入辣椒粉、干淀粉和水，抓匀上浆，最后加入约15克花生油，抓匀；西蓝花掰成小朵，用淡盐水浸泡15分钟，洗净，沸水中加适量精盐和一滴花生油，焯烫西蓝花至熟，捞出过凉，沥干水分备用。

②鱼头和鱼尾均匀拍上一层干面粉，下入约七成热的油锅中，炸至金黄酥脆，捞出沥油备用。

③原油锅关火，冷却2分钟至油温六成热，再次开火，下入鱼片和鱼骨滑熟，捞出沥油，盘中摆放鱼头、鱼尾、鱼肉和鱼骨，用熟西蓝花围边。

④小锅中加入大约30克炸鱼用的油，倒入辣椒粉小火慢慢爆香，至出焦香味时，连油一起浇在鱼肉和西蓝花上即可。

操作要领

鱼片不要片得太薄，与鱼骨大小差不多，保证成熟度基本一致。

营养贴士

此菜具有补肝、补益脾肾、补肾等功效。

视觉享受：★★★★　味觉享受：★★★★　操作难度：★

鸳鸯火锅

TIME 40分钟

菜品特点：清香四溢　麻辣爽口

主料： 鸡架1只，麻辣、三鲜火锅底料各1包

配料： 料酒15克，姜5片

操作步骤

①鸡架解冻，清洗干净，放入高压锅中，加清水，放入姜片、料酒，盖上锅盖，大火烧上汽，转小火压制30分钟，放汽开盖，将汤倒入鸳鸯锅中。

②将麻辣与三鲜火锅底料分别放入两边锅中，大火加热，煮至底料溶化，转小火再煮5分钟左右即可煮上自己喜欢的食物了。

操作要领

如果想辣锅更香浓，可以在辣锅里加入25～30克黄油或牛油。

营养贴士

本品具有降逆止呕、化痰止咳、散寒解表等功效。

视觉享受：★★★★　味觉享受：★★★★　操作难度：★★

旱蒸沙参鸡

TIME 2.5小时

菜品特点：味道鲜香　营养丰富

主料： 母鸡1500克

配料： 精盐4克，沙参100克，胡椒0.5克，绍酒10克，姜、葱各10克，鲜汤1000克，枸杞少许

操作步骤

①母鸡宰杀煺毛，从鸡背骨处剖开，去内脏洗净，放入沸水锅内煮约5分钟，除去血水，捞出用清水洗净，除去血沫，再用刀将背骨砍去不用，装入搪瓷盆内。

②用清水洗去沙参上的泥沙，再用小刀轻轻刮去表面粗皮，洗净，切成10厘米的长节，放入鸡腔内，加入绍酒、胡椒、姜（拍破）、葱（长节）、枸杞、精盐，加入鲜汤；用一张白纸打湿一面，覆盖在盆口上封严，入笼蒸约2小时，至鸡、参蒸透取出，将鸡放入大汤碗内，加入原汤即可。

操作要领

最好选用当年生长的仔母鸡。

营养贴士

此菜具有止咳祛痰、养阴生津、温中补脾、益气养血、补肾益精等功效。

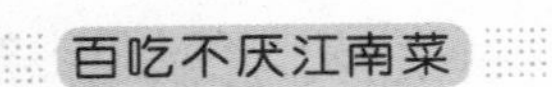

酸辣海参

TIME 35分钟

菜品特点

海参软糯
酸辣味醇

主料： 水发海参300克

配料： 鸡蛋1个，熟冬笋25克，火腿40克，葱、姜各10克，香油10克，水豆粉10克，胡椒粉5克，醋15克，味精0.5克，清汤500克

视觉享受：★★★★
味觉享受：★★★★
操作难度：★★

操作步骤

①水发海参洗净，片成薄片，在沸水锅中煮后再用清汤煨1～2次，沥干待用；鸡蛋煮熟，取蛋白切成薄片；熟冬笋、火腿切成薄片；葱切成葱花，姜切细粒。

②将切好的鸡蛋、冬笋、火腿放入锅中，加适量胡椒粉、醋、清汤烧沸，加味精，下海参、姜粒，加水豆粉勾成芡汁，待沸后，加入香油，起锅舀入汤碗，撒上葱花即成。

操作要领

水发海参在开水锅中煮后要用清汤煨1～2次。

营养贴士

此菜具有排毒、降三高、消食、补血、健脾、活血、强身健体、消炎等功效。

云南菜

彝乡锅仔

TIME 20分钟

菜品特点
酸辣可口
荤素俱全

主料： 豆腐、黄瓜、豆芽、豌豆尖、云南火腿、普通火腿、香菇、米线各适量

配料： 精盐、葱末、姜末、胡椒粉、鸡精、料酒、酸辣椒、番茄酱、食用油、高汤各适量

视觉享受：★★★★
味觉享受：★★★★
操作难度：★★

操作步骤

①豆芽、豌豆尖洗净放入锅仔底部，上面铺上米线。

②黄瓜洗净切片，火腿、香菇、豆腐切片，均放在米线上。

③坐锅点火，倒食用油烧热，放入葱末、姜末煸香，加入酸辣椒、番茄酱、高汤、料酒、精盐、鸡精、胡椒粉，开锅即可。

操作要领

选用云南火腿，云南风味才更纯正。

营养贴士

云南火腿肉质滋嫩、营养丰富，内含19种氨基酸、11种维生素和9种微量元素，是消费者首选的营养保健精品。

视觉享受：★★★★ 味觉享受：★★★★ 操作难度：★★

元谋凉鸡

TIME 40 分钟

菜品特点

肉质鲜嫩 营养美味

主料： 仔鸡 1 只

配料： 干辣椒、青菜、生抽、精盐、蒜末、油各适量

操作步骤

①青菜洗净，切段，放沸水中焯熟；干辣椒斜切丝。

②将仔鸡宰杀后，去净鸡毛，打开鸡膛洗净后，整只鸡放于锅中，加精盐，用清水慢慢烫，边煮边放清水，待鸡皮明显萎缩，捞出冷却后切块，摆盘，放上青菜段、蒜末、生抽。

③锅中放油，放入干辣椒丝炸香，趁热倒入鸡块上，即为肉鲜味美的凉鸡。

操作要领

煮烫鸡时，水不能煮沸，要一边煮一边放清水。

营养贴士

鸡肉有温中益气、补虚填精、健脾胃、活血脉、强筋骨的功效。

主料： 面粉 150 克，淀粉 100 克，鲜猪肉末 200 克

配料： 精盐 14 克，味精、胡椒粉各 5 克，香椿、豆芽、韭菜各 80 克，鸡蛋 3 个，酱油 20 克，水发金钩、玉兰片、冬菇末各 20 克，火腿末 30 克，肥膘、油各适量

操作步骤

①将肉末、金钩、玉兰片、火腿末、冬菇末入锅煸香，下酱油、精盐、味精、胡椒粉调匀成馅料，豆芽、韭菜、香椿经沸水焯后切碎，拌入馅料中。

②将面粉、鸡蛋、淀粉及少许精盐用水调均匀成浆糊状；锅上火，烘热，用肥膘抹匀，倒入浆糊摊成圆形，微火烤熟，撕下，从圆心处均分 6 块呈扇形，包入馅心，裹成长 6 厘米、宽 3 厘米的长方卷。

③锅中放油烧至七成热，下春卷炸成金黄色，捞出控干油，即可上桌。

操作要领

皮坯摊制要薄。

营养贴士

本品具有养心益肾、滋阴润燥、温中开胃等功效。

视觉享受：★★★★ 味觉享受：★★★★ 操作难度：★★

云南春卷

TIME 50 分钟

菜品特点

外脆内嫩 咸甜适中

云南哨子面

主料： 猪绞肉60克，番茄2个，鸡蛋面适量

配料： 豆豉、葱花各15克，洋葱丁、香菇丁各30克，鸡高汤250克，豆干片、哨子酱汤、油各适量

视觉享受：★★★★
味觉享受：★★★★
操作难度：★

操作步骤

①番茄洗净切丁备用。

②起油锅，依次加入猪绞肉、豆豉、洋葱丁、香菇丁、豆干片炒熟，再放入番茄丁炒软，倒入鸡高汤和哨子酱汤煮滚，转小火。

③另烧一锅水，下入鸡蛋面煮熟，沥干摆入碗中，加入已做好的哨子酱汤，撒上葱花即可。

操作要领

选择猪肉要注意，靠近鼻子闻一闻，新鲜猪肉有腥味。

营养贴士

猪肉可提供血红素（有机铁）和促进铁吸收的半胱氨酸，能改善缺铁性贫血。

小锅米线

主料： 干米线200克，猪肉末50克，豆腐1块

配料： 猪骨汤150克，生抽30克，香葱、精盐、味精、辣椒油、鸡肉酱汤、植物油各适量

操作步骤

①香葱洗干净，切成3厘米长的段；干米线用开水煮15分钟，冲洗干净后用冷水泡1小时，沥干水分备用；豆腐切块，放开水中焯一下，捞出备用。

②锅中放植物油，将肉末下锅煸炒，水分炒干至熟，将油去净，放入猪骨汤煮沸；放入煮好的米线、香葱段，倒入生抽，大火煮2分钟，放精盐、味精，淋上辣椒油，盛入碗中，放上豆腐块，放入鸡肉酱汤拌匀即可。

操作要领

没有猪骨汤，也可以用水代替。

营养贴士

米线含有丰富的碳水化合物、维生素、矿物质及酵素等。

金钱云腿

主料： 云腿 2000 克

配料： 碱 3 克，汤适量

操作步骤

①云腿用热碱水洗净表皮污物，清洗干净，放入汤锅煮 20 分钟，至表皮肉质回软，捞出沥干。

②控干汤汁的云腿直切一刀，取出胫骨，将云腿朝一个方向卷裹成筒状，用麻线密集缠紧，下入汤锅再煮 2.5 小时，煮熟控干，拆去麻线，剥去腿皮。

③用刀修整成圆筒状，再用快刀横切成圆形薄片，拼摆入盘即成。

操作要领

火腿用碱水清洗时需要不断搓揉。

营养贴士

火腿内含有丰富的蛋白质和适度的脂肪，还含有十多种氨基酸、多种维生素和矿物质。

贵州菜

干锅鸡

TIME 50分钟

菜品特点

口味香辣
营养丰富

主料： 土鸡800克

配料： 猪油（炼制）150克，芹菜100克，干红辣椒50克，葱40克，豆瓣30克，姜25克，豆豉、料酒各15克，香油10克，花椒、精盐、白砂糖、味精、鸡精各5克，卤水、火锅料各适量

视觉享受：★★★★
味觉享受：★★★★★
操作难度：★★★

操作步骤

①干红辣椒去籽及蒂，切段；芹菜洗净，切成长约5厘米的段；姜切片；葱洗净，取其葱白切段；土鸡洗净，斩成约2.5厘米大小的块，放入盆中，加精盐、姜片、葱段、料酒和匀，码味10分钟。

②锅置旺火上，放入猪油，烧至七成热，放入鸡肉炸干水分捞出，锅中留少许油，烧至五成热，放入干红辣椒、花椒炒香捞出。

③锅中另烧油至四成热，放入豆瓣、姜片、葱段炒香上色，掺入卤水，下火锅料，烧开至沸，熬几分钟；捞去料渣，倒入鸡块，加料酒、豆豉、干辣椒、花椒、芹菜、白砂糖、鸡精、味精、香油，拌匀即可。

操作要领

用现杀的鸡做出来，味道会更好。

营养贴士

鸡肉蛋白质消化率高，很容易被人体吸收。

视觉享受：★★★★ 味觉享受：★★★★ 操作难度：★

酸萝卜老鸭汤

TIME 3小时

主料： 老鸭1800克，酸萝卜900克

配料： 老姜1块，花椒5粒，圣女果1颗

操作步骤

①鸭子清理干净，取出内脏后切块；酸萝卜清水冲洗后切片；老姜拍烂待用。

②将鸭块倒入干锅中翻炒，待水汽收住即可。

③另起锅加水烧开，倒入炒好的鸭块、酸萝卜，加入备好的老姜、花椒，用炖锅慢火煨上2.5小时，出锅，放上1颗圣女果装饰即可。

操作要领

鸭块放入干锅中翻炒，不用加油。

营养贴士

鸭肉具有补血行水、养胃生津、止咳自惊、清热健脾、虚弱浮肿等功效。

主料： 带鱼1条，豆腐1块

配料： 香菜、葱段、姜丝、精盐、味精、白糖、高汤、糟辣椒、菜油各适量

操作步骤

①将带鱼刮洗干净，用刀切成3厘米长的段，用水冲洗干净，沥干，用精盐均匀涂抹鱼两面；豆腐切块，放开水锅中焯一下，捞出；香菜洗净切段。

②锅中倒入适量菜油，烧热，放入带鱼段，炸至两面金黄，捞出备用。

③锅中留余油，炒香糟辣椒，倒入豆腐和炸成金黄色的带鱼炒匀，放入姜丝、葱段、精盐、白糖、高汤和味精炒匀，撒上香菜段即可。

操作要领

糟辣椒偏酸，不喜欢酸的可以放少量白糖提鲜。

营养贴士

带鱼有补脾、益气、暖胃、养肝、泽肤、补气、养血、健美的功效。

视觉享受：★★★★ 味觉享受：★★★★ 操作难度：★★

糟辣带鱼

TIME 25分钟

番茄鸡

主料： 鸡肉 80 克，番茄 100 克

配料： 洋葱、青柿子椒各 50 克，番茄酱、烹调油各 10 克，食盐 3 克，胡椒粉少许，料酒适量

视觉享受：★★★★
味觉享受：★★★★
操作难度：★

操作步骤

①鸡肉洗净切成小块；番茄洗净切块；洋葱、青柿子椒切片备用。

②锅中放少量烹调油加热，炒番茄酱，放入鸡块、料酒、胡椒粉炒片刻，加入洋葱片、青柿子椒片、番茄块和食盐，继续烧 10 分钟左右即可。

操作要领

鸡肉最好先用胡椒粉、小苏打、蚝油等抓匀，这样可使鸡肉又嫩又滑。

营养贴士

此菜具有生津止渴、健胃消食、清热解毒、凉血平肝、补血养血、增进食欲等功效。